CAD/CAM 软件精品教程系列

Mastercam X6

实用教程

段 辉 汤爱君 吕英波 编著

电子工业出版社

Publishing House of Electronics Industry

北京 · BEIJING

内 容 简 介

本书面向 Mastercam 的初、中级读者，全书共分 12 章，分别介绍了 Mastercam X6 基本操作、二维图形构建、二维图形编辑、图形标注及填充、曲面造型、曲面编辑、三维实体建模、三维实体编辑、加工设置及操作管理、二维铣削加工、曲面加工、多轴加工等内容。以大量实例的方式讲解了 Mastercam X6 基本功能的应用与操作，并通过提示、技巧和注意的形式指导读者理解重点内容，从而将所学知识真正运用到实际产品的设计和生产中。

本书内容翔实、排列紧凑、安排合理、图解清楚、讲解透彻、案例丰富实用，对每一个实例都有详细的讲解，由浅入深，从易到难，各个章节既相互独立又前后关联，能够使读者快速、全面地掌握 Mastercam X6 主要功能的应用。

本书可以作为专业院校及培训学校的教材，也适合作为工程技术人员及自学爱好者的参考书。

图书在版编目（CIP）数据

Mastercam X6 实用教程/段辉，汤爱君，吕英波编著. —北京：电子工业出版社，2015.8
（CAD/CAM 软件精品教程系列）

ISBN 978-7-121-26560-0

Ⅰ. ①M… Ⅱ. ①段… ②汤… ③吕… Ⅲ. ①计算机辅助制造－应用软件－教材 Ⅳ.①TP391.73

中国版本图书馆 CIP 数据核字（2015）第 152227 号

策划编辑：张 凌
责任编辑：靳 平
印　　刷：北京盛通商印快线网络科技有限公司
装　　订：北京盛通商印快线网络科技有限公司
出版发行：电子工业出版社
　　　　　北京市海淀区万寿路 173 信箱　邮编 100036
开　　本：787×1 092　1/16　印张：16.25　字数：448 千字
版　　次：2015 年 8 月第 1 版
印　　次：2023 年 7 月第 12 次印刷
定　　价：35.00 元

前 言
Preface

基本内容

Mastercam 是由美国 CNC Software NC 公司开发的基于 PC 平台上的 CAD/CAM 一体化软件。它集二维绘图、三维实体造型、曲面设计、体素拼合、数控编程、刀具路径模拟及真实感模拟等多种功能于一体，是目前国内外制造业采用最广泛的软件之一，主要用于机械、电子、汽车、航空等行业，特别是在模具制造业中应用尤为广泛。

该公司于 2011 年年底推出了 Mastercam 的最新产品——Mastercam X6。Mastercam X6 继承了 Mastercam 的一贯风格和绝大多数的传统设置，使用户的操作更加合理、便捷、高效。为了使读者能够尽快掌握该软件，作者在多年教学经验与科研成果的基础上编写了此书，全面翔实地介绍了 Mastercam X6 的功能及其使用方法，可以使读者快速、全面地掌握 Mastercam X6，并加以灵活应用。

本书结构清晰、内容翔实、实例丰富。在每一章的开始简要概括了本章内容，使学习者做到心中有数；每一章均将重点放在实例上，以大量的实例介绍每一个 Mastercam 功能，介绍过程中还配有大量插图予以说明。

实例是本书的最大特点之一，因此具有很强的可读性和实用性。但本书所介绍的 Mastercam X6 只是反映了现阶段的开发成果，随着新成果的推出，必定有更新版本的说明。

全书分为 12 章，可以分成三大部分。

- 第一部分是 Mastercam X6 基础部分，包括第 1 章，重点介绍 Mastercam X6 的人机交互界面、工作环境、文件管理等基本概念和操作。
- 第二部分为 CAD 部分，包括第 2~8 章，介绍 Mastercam X6 提供的 CAD 设计功能。第 2 章介绍二维图形绘制；第 3 章介绍二维图形编辑；第 4 章介绍图形标注填充；第 5 章介绍曲面造型；第 6 章介绍曲面编辑；第 7 章介绍三维实体建模；第 8 章介绍三维实体编辑。
- 第三部分为 CAM 部分，包括第 9~12 章，介绍 Mastercam X6 数控加工功能。第 9 章介绍加工设置及操作管理；第 10 章介绍二维加工；第 11 章介绍三维曲面加工；第 12 章介绍多轴加工。

主要特点

本书作者都是长期使用 Mastercam 进行教学、科研和实际生产工作的教师和工程师，有着丰富的教学和编著经验。在内容编排上，按照读者学习的一般规律，结合大量实例讲解操作步骤，能够使读者快速、真正地掌握 Mastercam X6 的使用。

本书具有以下鲜明的特点。

- 从零开始，轻松入门。
- 图解案例，清晰直观。

- 图文并茂，操作简单。
- 实例引导，专业经典。
- 学以致用，注重实践。

读者对象

- 学习 Mastercam 的初、中级读者。
- 大、中专院校机械相关专业的学生。
- 从事数控加工的工程技术人员。

本书既可以作为院校机械专业的教材，也可以作为读者自学的教程，同时也非常适合作为专业人员的参考手册。

联系我们

本书由段辉、汤爱君、吕英波主编，为编写工作提供帮助的老师还有王全景、赵文波、成红梅、宋一兵、管殿柱、王献红、李文秋、张忠林、赵景波、曹立文、郭方方、初航等，在此一并感谢。

感谢您选择了本书，希望我们的努力对您的工作和学习有所帮助，也希望您把对本书的意见和建议告诉我们。

零点工作室网站地址：www.zerobook.net
零点工作室联系信箱：syb33@163.com

零点工作室
2015 年 5 月

目 录

Contents

第 1 章　Mastercam X6 软件概述

Mastercam 是目前世界上应用最广泛的 CAD/CAM 软件之一，其计算机辅助设计与加工的功能非常强大。Mastercam X6 是该软件目前最新的版本。

本章简要介绍计算机辅助设计及制造的基础知识，以及 Mastercam X6 软件相关的基础知识。主要包括软件的功能特点、操作界面、文件管理、系统配置、快捷键及基本使用方法等内容，力求使读者对 Mastercam X6 有一个初步的入门认识，最后通过一个简单实例来说明MastercamX6 的大体操作过程。

【学习要点】

- Mastercam X6 操作界面。
- 文件管理。
- 快捷键。
- 设置坐标系及图层。
- 系统配置。

1.1　CAD / CAM / CAPP 简介

CAD/CAM/CAPP 分别指计算机辅助设计、计算机辅助制造及计算机辅助工艺设计，这些技术贯穿了目前机械工业的整个过程，在介绍 Mastercam X6 的使用之前，很有必要将这些技术进行一个简单的介绍。

1.1.1　CAD 简介

计算机辅助设计（Computer Aided Design，CAD）诞生于 20 世纪 60 年代，是由美国麻省理工学院首先提出的交互式图形学的研究计划，由于当时硬件设施昂贵，只有美国通用汽车和波音航空等大公司开始使用自行开发的 CAD 系统。

1963 年，麻省理工学院 Ivan Sutherland 开发的 Sketchpad（画板）是图形化用户界面的原型，而这种界面具有现代 CAD 不可或缺的特性。20 世纪 70 年代，小型计算机费用下降，美国工业界才开始广泛使用交互式绘图系统。

20 世纪 80 年代，由于 PC 的应用，CAD 得以迅速发展，出现了一些专门从事 CAD 系统开发的公司。当时的 Autodesk 公司是一个仅有员工十几人的小公司，其开发的 CAD 系统虽然功能有限，但因其可免费复制，故在社会得以广泛应用。同时，由于该系统的开放性，该CAD 软件升级迅速。

CAD 最早的应用是在汽车制造、航空航天及电子工业的大公司中。随着计算机变得更便宜，应用范围也逐渐变广。

CAD 的实现技术从那个时候起经过了许多演变。这个领域刚开始时主要用于产生和手绘的图纸相仿的图纸。计算机技术的发展使得计算机在设计活动中得到更有技巧的应用。如今，

CAD 已经不仅仅用于绘图和显示，它开始进入设计者的专业知识中更"智能"的部分。

随着计算机科技的日益发展，以及其性能的提升和更便宜的价格，许多公司已采用立体的绘图设计。以往，碍于计算机性能的限制，绘图软件只能停留在平面设计，欠缺真实感，而立体绘图则冲破了这一限制，令设计蓝图更实体化。目前，CAD 技术广泛应用于土木建筑、装饰装潢、城市规划、园林设计、电子电路、机械设计、服装鞋帽、航空航天、轻工化工等诸多领域。

1.1.2 CAM 简介

计算机辅助制造（Computer Aided Manufacturing，CAM）是将计算机应用于制造生产过程的技术。狭义的计算机辅助制造是指从产品设计到加工制造之间的一切生产活动，包括 CAPP、NC 编程、工时定额的计算、生产计划的制订、资源需求计划的制订等。广义的计算机辅助制造除了包含上述内容外，还包括制造活动中与物流有关的所有过程的监视、控制和管理。

计算机辅助制造的核心是计算机数值控制。1952 年，美国麻省理工学院首先研制成数控铣床，数控的特征是由编码在穿孔纸带上的程序指令来控制机床。此后发展了一系列的数控机床，包括称为"加工中心"的多功能机床，能从刀库中自动换刀和自动转换工作位置，能连续完成铣、钻、铰、攻丝等多道工序，这些都是通过程序指令控制运作的，只要改变程序指令就可改变加工过程，数控的这种加工灵活性称为"柔性"。

数控除了在机床应用以外，还广泛地用于其他各种设备的控制，如冲压机、火焰或等离子弧切割、激光束加工、自动绘图仪、焊接机、装配机、检查机、自动编织机、电脑绣花和服装裁剪等，成为各个相应行业 CAM 的基础。

计算机辅助制造也用于编制加工工艺文件，绘制加工图表，进行原材料消耗定额管理，产品质量检验等。随着微型单板机的普及，在通用的车床、刨床、铣床和镗床上，可以装上单板机，实现自动控制，改变传统的加工方式，提高加工效果。计算机辅助制造与计算机辅助设计有密切的关系，计算机辅助设计的输出结果常常作为计算机辅助制造的输入，两者的区别为 CAD 偏重于设计过程，CAM 偏重于产品的生产过程。

1.1.3 CAPP 简介

计算机辅助工艺过程设计（Computer Aided Process Planning，CAPP），其作用是利用计算机来进行零件加工工艺过程的制订，把毛坯加工成工程图纸上所要求的零件。

工艺设计是机械制造生产过程的技术准备工作的一个重要内容，是产品设计与车间的实际生产的纽带，是经验性很强且随环境变化而多变的决策过程。随着机械制造生产技术的发展及多品种小批量生产的要求，特别是 CAD/CAM 系统向集成化、智能化方向发展，传统的工艺设计方法已远远不能满足要求，计算机辅助工艺设计也就应运而生。

CAPP 是通过向计算机输入被加工零件的几何信息（图形）和加工工艺信息（材料、热处理、批量等），由计算机自动输出零件的工艺路线和工序内容等工艺文件的过程。CAPP 属于工程分析与设计的范畴，是重要的生产准备工作之一。由于制造系统的出现，CAPP 向上与计算机辅助设计（Computer Aided Design，CAD）相接，向下与计算机辅助制造（Computer Aided Manufacturing，CAM）相连，它是设计与制造之间的桥梁，设计信息只能通过工艺过程设计才能生成制造信息，设计只能通过工艺设计才能与制造实现信息和功能的集成。

CAPP 的开发、研制是从 20 世纪 60 年代末开始的，在制造自动化领域，CAPP 的发展是最迟的部分。世界上最早研究 CAPP 的国家是挪威，始于 1969 年，并于 1969 年正式推出世界上第一个 CAPP 系统——AUTOPROS 系统；1973 年正式推出商品化的 AUTOPROS 系统。

1.1.4　CAD/CAM/CAPP 系统集成

20 世纪 80 年代中后期，CAD、CAM 的单元技术日趋成熟。随着计算机技术日益广泛深入的应用，人们很快发现，采用这些各自独立的系统不能实现系统之间信息的自动传递和交换。例如，CAD 系统设计的结果，不能直接为 CAPP 系统接收，若进行工艺规程设计时，还需要人工将 CAD 输出的图样、文档等信息转换成 CAPP 系统所需要的输入数据，这不但影响了效率的提高，而且在人工转换过程中难免会发生错误。只有当 CAD 系统生成的产品零件信息能自动转换成后续环节（如 CAPP、CAM 等）所需的输入信息，才是最经济的。为此，人们提出了 CAD/CAM 集成的概念并致力于 CAD、CAPP 和 CAM 系统之间数据自动传递和转换的研究，以便将业已存在的和正在使用中的 CAD、CAPP、CAM 等独立系统集成起来。

CAD/CAM 集成系统实际上是 CAD/CAPP/CAM 集成系统。CAPP 从 CAD 系统中获得零件的几何拓扑信息、工艺信息，并从工程数据库中获得企业的生产条件、资源情况及企业工人技术水平等信息，进行工艺设计，形成工艺流程卡、工序卡、工步卡及 NC 加工控制指令，在 CAD、CAM 中起纽带作用。为达到此目的，在集成系统中必须解决下列几方面问题。

（1）CAPP 模块能直接从 CAD 模块中获取零件的几何信息、材料信息、工艺信息等，以代替零件信息描述的输入。

（2）CAD 模块的几何建模系统，除提供几何形状及拓扑信息外，还必须提供零件的工艺信息、检测信息、组织信息及结构分析信息等。

（3）须适应多种数控系统 NC 加工控制指令的生成。

1.2　Mastercam X6 简介

本节我们对 Mastercam X6 软件本身进行一个最基本的介绍，使读者能够简单了解该软件的特点及基本用法，为后续章节的深入学习打下一个良好的基础。

1.2.1　功能特点

Mastercam 是美国 CNC 软件公司推出的基于 PC 平台的 CAD/CAM 集成软件，自 1984 年问世以来，进行了不断改进和版本升级，软件功能日益完善，因此得到了越来越多用户的好评。目前以其优良的性价比、常规的硬件要求、灵活的操作方式、稳定的运行效果及其易学易用等特点，成为国内外制造业最为广泛采用的 CAD/CAM 集成软件之一。

Mastercam X6 具有强大、稳定、快速的功能，使用户不论是在设计制图上，或是 CNC 铣床、车床和线切割等加工上，都能获得最佳的成果，而且 Mastercam X6 兼容于 PC 平台，配合 Microsoft Windows 操作系统，且支持中文操作，让用户在软件操作上更能无往不利。

Mastercam X6 提供了相当多的模块，其中有铣削、车削、实体造型、线切割、雕刻等。可以根据设计及加工需要，自行选取相应的模块。在 Mastercam X6 中将 Design（设计）、Mill（铣削加工）、Lathe（车削加工）、Wire（线切割）、Router（雕刻）几大模块集成到一个平台上，使用户操作更加方便。由于几个模块的集成，Mastercam X6 主菜单中增加了【机床类型】菜单供用户选择。Mastercam X6 是一套全方位服务于制造业的软件，包括铣削、车削、实体、雕刻、线切割五大模块。

Mastercam X6 版本是 2011 年底刚推出的，比上一个版本做了一些改进，如允许清空全部实体记录、增强了实体修剪功能、全新的刀具路径菜单、增加了素材毛坯模式、增强了刀路的种类等，本节重点介绍铣削模块及结合实体模块设计模具两方面知识。

1. 实体模块简介

实体模块的主要功能及特点如下。

1）绘制二维图形

Mastercam X6 可以直接进行二维图形的绘制。在【绘图】菜单中提供了丰富的绘图命令，用户使用这些命令可以绘制点、直线、圆、圆弧、椭圆、矩形、曲线等基本图形。

2）绘制三维图形

Mastercam X6 具有较强的三维造型功能，可完成三维曲面和实体造型。在绘制好的二维图形的基础上使用曲面的举升、直纹、旋转、扫描、牵引和网格进行三维曲面造型。同样，在绘制好的二维图形的基础上使用举升、旋转、扫描和挤出等完成三维实体造型。

3）由三维实体图直接生成二维工程图

Mastercam X6 具有由三维实体图直接生成二维工程图的功能。

4）图形编辑

Mastercam X6 能够对绘制的二维图形、三维图形进行"编辑"和"转换"，实现图形的修剪、延伸、打断、镜像、旋转、比例缩放、阵列、平移和补正等操作。

5）打印图形

Mastercam X6 具有将绘制的图形打印在纸上，实现硬拷贝的功能。

2. 铣削模块简介

铣削模块主要功能及特点介绍如下。

1）操作管理器

Mastercam X6 的操作管理器（Operations Manager）把同一加工任务的各项操作集中在一起。管理器的界面很简练、清晰。在管理器中编辑、校验刀具路径也很方便。在操作管理中很容易复制和粘贴相关程序。

2）刀具路径的关联性

在 Mastercam X6 系统中，挖槽铣削、轮廓铣削和点位加工的刀具路径与被加工零件的模型是相关一致的。当零件几何模型或加工参数修改后，Mastercam X6 能迅速准确地自动更新相应的刀具路径，无须重新设计和计算刀具路径。用户可把常用的加工方法及加工参数存储于数据库中，以适合存储于数据库的任务。这样可以大大提高数控程序设计效率及计算的自动化程度。

3）挖槽、外形铣削和钻孔

Mastercam X6 提供丰富多变的 2D、2.5D 加工方式，可迅速编制出优质可靠的数控程序。极大地提高了编程者的工作效率，同时也提高了数控机床的利用率。

（1）挖槽铣削具有多种走刀方式，如 ZigZag、One Way、True Spiral、Constant Overlap 和 Morph Pocketing。

（2）挖槽加工时的入刀方法很多，如直接下刀、螺旋下刀、斜插下刀等。

（3）挖槽铣削还具有自动残料清角，如螺旋渐进式加工方式、开发式挖槽加工、高速挖槽加工等。

4）曲面粗加工

在数控加工中，在保证零件加工质量的前提下，尽可能提高粗加工时的生产效率。Mastercam X6 提供了多种先进的粗加工方式。例如，曲面挖槽时，Z 向深度进给确定，刀具以轮廓或型腔铣削的走刀方式粗加工多曲面零件；机器允许的条件下，可进行高速曲面挖槽。

5）曲面精加工

Mastercam X6 有多种曲面精加工方法，根据产品的形状及复杂程度，可以从中选择最好的方法。例如，比较陡峭的地方可用等高外形曲面加工，比较平坦的地方可用平行加工。形状特别复杂且不易分开，加工时可用 3D 环绕等距。

Mastercam X6 能用多种方法控制精铣后零件表面粗糙度。例如，以程式过滤中的设置及步距的大小来控制产品表面的质量等。根据产品的特殊形状（如圆形），可用放射状走刀方式精加工（Radial Finishing），刀具由零件上任一点沿着向四周散发的路径加工零件。流线走刀精加工（Flowline Finishing），刀具沿曲面形状的自然走向产生刀具路径。用这样的刀具路径加工出的零件更光滑，某些地方余量较多时，可以设定一范围单独加工它。

6）多轴加工

Mastercam X6 的多轴加工功能为零件的加工提供了更多的灵活性，应用多轴加工功能可方便、快速地编制高质量的多轴加工程序。Mastercam X6 的五轴铣削方法共分 6 种：曲线五轴、钻孔五轴、沿边五轴、曲面五轴、沿面五轴、旋转五轴。

1.2.2 Mastercam X6 操作界面

打开任意一个文件，进入 Mastercam 的工作界面，可以将该界面划分为多个区域，如图 1-1 所示。

1. 标题栏

标题栏用来显示当前文件的名称，可以显示出文件路径，当文件没有被保存时，标题栏仅显示当前软件的版本。

2. 菜单栏

菜单栏包含了软件中所有的操作命令：文件、编辑、视图、分析、绘图、实体、转换、机床类型、刀具路径、屏幕、设置、帮助功能模块。

3. 工具栏

工具栏以工具条的形式显示，每个工具条中包含了一系列相关的工具按钮，用户可以将工具条移动到合适的位置，也可以向工具条中增加或减少工具按钮。

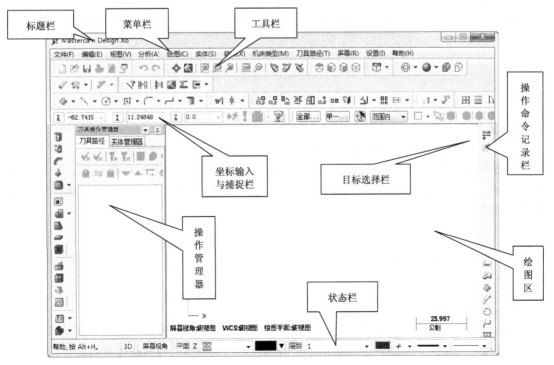

图 1-1 Mastercam X6 操作界面

4．坐标输入与捕捉栏

紧接工具栏下面的是坐标输入与捕捉栏，它主要起坐标输入与绘图捕捉的功能，如图 1-2 所示。

图 1-2　坐标输入与捕捉栏

（1）用于快速目标点坐标输入。

（2）用于自动捕捉设置，单击后弹出如图 1-3（a）所示的自动捕捉设置对话框。

（3）用于手动捕捉设置，单击右方箭头后弹出如图 1-3（b）所示的手动捕捉菜单。

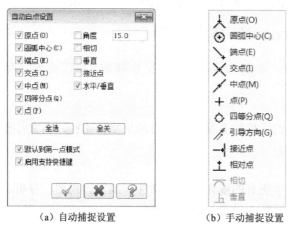

（a）自动捕捉设置　　　　（b）手动捕捉设置

图 1-3　自动及手动捕捉设置

5．目标选择栏

目标选择栏位于坐标输入及自动捕捉栏的右侧，它主要有目标选择的功能，如图 1-4 所示。

图 1-4　目标选择栏

6．操作栏

操作栏显示当前操作的参数，操作栏是子命令选择、选项设置及人机对话的主要区域，在未执行命令时处于屏蔽状态。而执行命令后将显示该命令的所有选项，并做出相应的提示。其显示内容根据命令的不同而不同。如图 1-5 所示为选择绘制线段时的操作栏显示状态。

图 1-5　操作栏

7．操作管理器

操作管理器对执行的操作进行管理。操作管理器会记录大部分操作，可以在其中对操作进行重新编辑和定义。例如，通过操作管理器可以对先前生成的刀具路径参数进行修改，并重新生成刀具路径；可以模拟加工、对操作加工进行后处理等。

8．状态栏

信息栏显示当前操作的提示信息、构图面信息、层别信息、属性信息等。在信息栏中包含有一系列的工具，如图层工具、颜色工具、线型工具等，如图1-6所示。

| 3D | 屏幕视角 | 平面 Z 30.0 | ▼ | 151 | ▼ | 层别 3 | ▼ | 属性 | ＊ ▼ | ━━━ ▼ | ━━━ ▼ | WCS | 群组 | ! | ? |

图1-6　状态栏

9．绘图区域

绘图区域相当于工程图纸，用来绘制和操作图形。绘图区域左下角的坐标系方向代表了当前图形的视角方向。在绘图区域中右击，可以显示相应的快捷菜单。

10．操作命令记录栏

显示界面的右侧是操作命令记录栏，用户在操作过程中最近所使用过的10个命令逐一记录在此操作栏中，用户可以直接从中选择最近使用的命令，提高了选择命令的效率。

1.2.3　文件管理

Mastercam X6文件管理菜单如图1-7所示，常用的文件管理命令有新建文件、打开文件、保存文件、输入目录、输出目录等命令。

图1-7　Mastercam X6文件管理菜单

1．打开文件

Mastercam X6不但可以打开目前版本和以前版本的文件，如MCX、MC9、MC8，而且可以打开其他软件的文件格式。

选择【文件】/【打开文件】命令，即可弹出【打开】文件对话框，如图 1-8 所示。

图 1-8　打开文件

2．保存文件

Mastercam X6 不但可以将文件保存为 MCX 格式的文件，而且可以保存为其他软件的文件格式，实现与其他软件的共享交换。

选择【文件】/【保存文件】命令，即可弹出【保存】文件对话框，如图 1-9 所示。

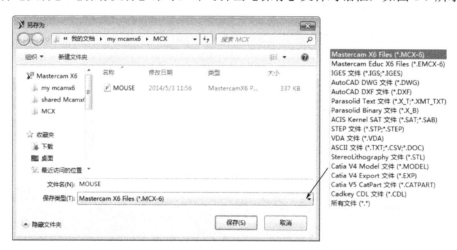

图 1-9　保存文件

> 📖　提示：另存文件或首次保存文件均可弹出如图 1-9 所示对话框，非首次保存文件，系统会自动存盘而不再弹出对话框。

3．输入/输出文件

输入/输出文件功能可以批量导入和导出其他格式的文件，指定好文件夹，即可将该文件夹中的所有文件导入或导出。

选择【文件】/【汇入】命令，即可弹出如图 1-10 所示对话框。

选择【文件】/【汇出】命令，即可弹出如图 1-11 所示对话框。

图 1-10　输入文件

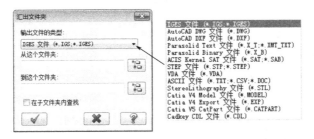

图 1-11　输出文件

1.2.4　快捷键及快速输入

Mastercam X6 提供了大量的快捷键，同时用户也可以根据自己的喜好重新定义快捷键。

1. 常用快捷键

在默认情况下，Mastercam X6 常用快捷键如表 1-1 所示。

表 1-1　Mastercam X6 常用快捷键

快捷键	功能	快捷键	功能
Alt+1	切换视图至俯视图	Ctrl+F1	环绕目标点进行放大
Alt+2	切换视图至前视图	F1	选定区域进行放大
Alt+3	切换视图至后视图	Alt+F1	全屏显示全部图素
Alt+4	切换视图至底视图	F2	以原点为基准，将视图缩小至原来的50%
Alt+5	切换视图至右视图	Alt+F2	以原点为基准，将视图缩小至原来的80%
Alt+6	切换视图至左视图	F3	重画功能，当屏幕垃圾较多时，重画功能能够重新显示屏幕
Alt+7	切换视图至等轴视图	F4	分析图素，修改图素的属性
Alt+A	打开【自动存档】对话框，设置自动保存参数	Alt+F4	关闭功能，退出 Mastercam 软件
Alt+C	选择并执行动态链接库（CHOOKS）程序	F5	将选定的图素删除
Alt+D	打开【Drafting】对话框，设置工程制图的各项参数	Alt+F8	对 Mastercam 系统参数进行规划
Alt+E	启动图素隐藏功能，将选取的图素隐藏	F9	显示或隐藏基准对象
Alt+G	打开【栅格参数】对话框，设置栅格捕捉的各项参数	Alt+F9	显示所有的基准对象

（续）

快捷键	功能	快捷键	功能
Alt+H	启动在线帮助功能	左箭头	将视图向左移动
Alt+O	打开或关闭【操作管理器】对话框	右箭头	将视图向右移动
Alt+P	自定义视图，可以将视图切换至自定义视图状态	上箭头	将视图向上移动
Alt+S	实体着色显示	下箭头	将视图向下移动
Alt+T	控制刀具路径的显示与隐藏	Page Up	将视图放大
Alt+U Ctrl+U Ctrl+Z	回退功能，取消当前操作恢复到上一步操作	Page Down	将视图缩小
Alt+V	打开帮助文件，显示当前帮助内容	Esc	结束正在执行的命令
Alt+X	设置颜色/线型/线宽/图层	End	自动旋转视图
Alt+Z	打开【图层管理】对话框进行图层设置	Ctrl+V	粘贴功能，将剪贴板中的图素复制到当前环境中
Alt+A	选取所有图素	Ctrl+X	剪切功能，将图素剪切到剪贴板中
Ctrl+C	复制功能，将图素复制到剪贴板中	Ctrl+Y	向前功能，恢复已经撤销的操作
Shift+Ctrl+R	刷新屏幕，清除屏幕垃圾		

2. 自定义快捷键

选择主菜单中的【设置】/【定义快捷键】命令，打开【设置快捷键】对话框，按如图 1-12 所示设置快捷键。

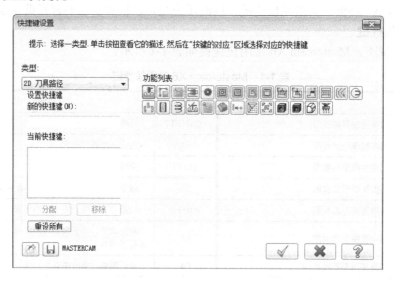

图 1-12　设置快捷键

3. Mastercam X6 的快速输入方法

在 Mastercam X6 中，可以通过键盘快速、精确地输入坐标点、Z 向控制深度等。例如，输入点（10，10）的方法如下。

[1] 选择【主菜单】/【绘图】/【绘点】，然后单击【坐标输入及捕捉栏】中的【快速绘点】按钮，在弹出的空白窗口中直接输入坐标值，如图 1-13 所示。

[2] 通过键盘直接输入 "10，10"，按下回车键后，在绘图区即可得到所绘点。

图 1-13　快速输入坐标

4．Mastercam X6 的快速拾取方法

Mastercam X6 提供了多种快速拾取已存在图素特征的功能，如拾取已存在的角度、圆直径等，可以加速操作。

使用快速拾取功能的操作步骤如下。

[1]　进入相应的绘图状态，如打开【绘制任意线】命令。

[2]　在操作栏相应区域右击，会弹出如图 1-14 所示菜单，单击相应选项或者按相应快捷键。

[3]　用鼠标在绘图区拾取与快捷键功能对应的图素，在操作栏即可显示所选图素的数值。

图 1-14　快速拾取菜单

1.3　坐标系及图层

任何绘图软件在绘图之前都要设定一个合适的坐标系，Mastercam X6 同样如此，而图层的建立可以方便用户管理不同性质的图素，以提高编辑修改图形的效率，减少出错的可能性。

1.3.1　坐标系

关于坐标系有以下几个概念需要了解。

1．构图平面

构图平面是指当前要使用的绘图平面，与工作坐标系平行。设置好构图平面后，则绘制出的所有图形都在构图平面上。

2．Z 深度

Z 深度是指所绘制的图形所处的三维深度，是设置的工作坐标系中的 Z 轴坐标。

Z 深度的设置方法：单击【坐标输入及捕捉栏】或者【信息栏】中的【Z】按钮，直接从键盘输入数值，如图 1-27 所示，或者在屏幕选择已经存在的点来设定工作深度。

图 1-15　设定 Z 值

3．工作坐标系

工作坐标系是在设置构图平面时所建立的坐标系。在工作坐标系中，不管构图面如何设置，总是 X 轴的正方向朝右，Y 轴的正方向朝上，Z 轴的正方向垂直屏幕指向用户。Mastercam X6 另有一个系统坐标系，它是固定不变的，满足右手法则。

4．视角

视角是指绘图的方向，如主视图方向、俯视图方向或者左视图方向等，单击 WCS，系统会弹出【视角设定】快捷菜单，如图 1-16 所示。

单击视角设定菜单里的【打开视角管理器】选项，系统弹出【视角管理器】对话框，如图 1-17 所示，可以从中选择一个系统设定好的坐标系作为当前工作坐标系。

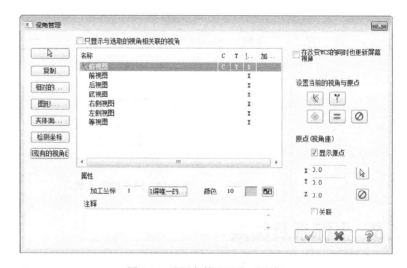

图 1-16　视角设定菜单　　　　　　　　图 1-17　【视角管理器】对话框

1.3.2　图层

Mastercam X6 的图层概念类似于 AutoCAD 的图层概念，可以用来组织图形。在状态栏中单击【层别】栏目，弹出如图 1-18 所示的【层别管理】对话框，图中只有一个图层，也是主图层，用黄色高亮显示，在【突显】列中带有【X】，表示该层是可见的。

如果要新增图层，只要在【层别号码】输入栏中输入要新建的图层号，并且可以在【层别名称】输入栏中输入该层的名称，这样就新建了一个图层。

如果要使某一层作为当前的工作层，只要单击【次数】列中该层的编号即可，该层就以黄色高亮显示，即表明该层已经作为当前的工作层。

如果要显示或者隐藏某些层，只要在【突显】列中，单击要显示或者隐藏的层，取消该层的【X】即可。如果该层的【突显】列中带有【X】，表示该层可见，没有【X】则表示隐藏。单击【全开】按钮，可以设置所有的图层都是可见的；单击【全关】按钮，可以将除了当前工作图层之外的所有图层隐藏。

如果要将某个图层中的元素移动到其他图层，可以首先选择需要移动的元素，接着在状态栏上右击【层别】命令，弹出如图 1-19 所示的【更改层别】对话框，选中【移动】或【复制】单选按钮。在【层别编号】输入栏中输入需要移动到的图层，单击【确定】按钮 ，完成图层的移动。

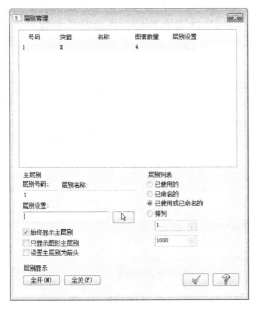

图 1-18 【层别管理】对话框

图 1-19 【更改层别】对话框

1.4 系统配置

  Mastercam X6 系统配置的内容主要包括 CAD 设置、标注与注释、传输、串连选项、打印、刀具路径、刀具路径管理、刀具路径模拟、分析、公差、加工报表、默认后处理、默认机床、屏幕、启动/退出、实体、实体切削验证、文件、文件转换、线切割模拟、旋转控制、颜色和着色。要更改默认的系统配置，则可以在菜单栏的【设置】菜单中选择【系统配置】选项，打开如图 1-20 所示的【系统配置】对话框。在【系统配置】对话框中，根据设计需要来对相应的配置项进行设置。

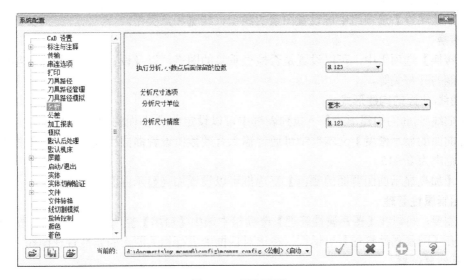

图 1-20 系统配置

1.4.1 CAD 设置

在【系统配置】对话框左侧的列表框中选择【CAD 设置】选项，则【系统配置】对话框右框区域出现如图 1-21 所示的选项内容，从中设置 CAD 方面的相关选项及其参数。

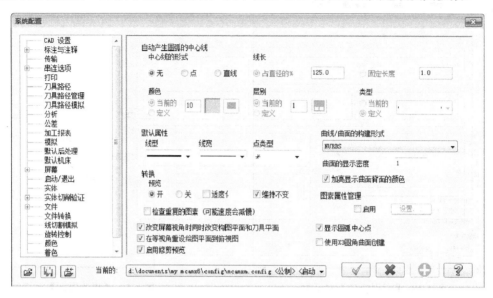

图 1-21　CAD 配置

1．自动产生圆弧的中心线

【自动产生圆弧的中心线】选项组可以设置【中心线的形式】、【线长】、【颜色】、【层别】和【类型】。在【中心线的形式】选项组中提供了 3 个单选按钮，即【无】、【点】和【直线】。当选择【无】单选按钮时，表示在绘制圆弧时不自动产生中心线，此时，相应的【线长】、【颜色】、【层别】和【类型】配置内容不可用；当选择【点】单选按钮时，可设置相应的【颜色】和【层别】内容；当选择【直线】单选按钮时，表示在绘制圆弧时自动生成中心线，此时可设置它的线长颜色、层别和类型。

2．默认属性

在【默认属性】选项组中可设置图素的线型、线宽和点类型。

3．转换

在【转换】选项组中，可以设置是否检查重复的图素，以及设置使用转换命令编辑图素时预览功能的开与关等。

4．曲线/曲面的构建形式

在【曲线/曲面的构建形式】下拉列表框中可以设定曲线/曲面的构建形式。

在【曲面的显示密度】文本框中可通过输入有效数值设置曲面用线框显示时的密度，有效数值的范围为 0～15。

通过【加亮显示曲面背面的颜色】复选框可以设置加亮显示曲面背面的颜色。

5．图素属性管理

如果需要，可以在【图素属性管理】选项组中选中【启用】复选框，此时可单击【设置】按钮，打开【图素属性管理】对话框，在该对话框中进行相关图素的属性管理操作。

6．其他复选框

其他复选框分别用于设置【改变屏幕视角时同时改变构图平面和刀具平面】、【显示圆弧中心点】、【在等视角重设绘图平面到俯视图】、【使用 X3 圆角曲面创建】、【启用修剪预览】等。

1.4.2 颜色设置

在【系统配置】对话框左侧的列表框中选择【颜色】选项，则【系统配置】对话框右框区域出现如图 1-22 所示的选项内容，从中设置颜色方面的相关选项及参数。例如，要将绘图工作区域的背景颜色设置为白色，则在列表框中选择【绘图区背景颜色】，接着在右侧的颜色图标列表中选择白色图标，然后单击按钮 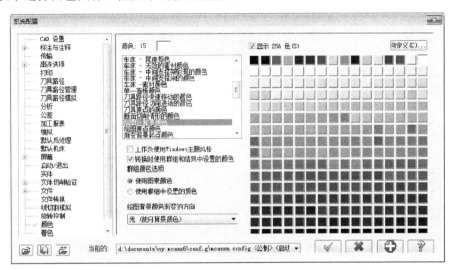 即可。

图 1-22 设置颜色

1.4.3 标注与注释设置

在【系统配置】对话框左侧的列表框中选择【标注与注释】选项，则【系统配置】对话框右框区域出现如图 1-23 所示的选项内容，用于设置【尺寸属性】、【尺寸文字】、【注解文字】、【引导线/延伸线】、【尺寸标注】的参数，例如，可以设置标注尺寸的小数点位数、标注比例等。

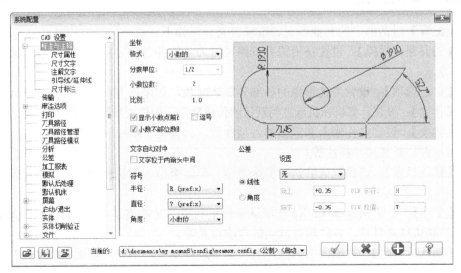

图 1-23 设置标注与注释

1.4.4　刀具路径设置

在【系统配置】对话框左侧的列表框中选择【刀具路径】选项，则【系统配置】对话框右框区域出现如图 1-24 所示的选项内容，此时可以设置刀具路径方面的选项及参数，包括【刀具路径显示的设置】、【刀具路径的曲面选取】、【在路径期间启用在点上的变更】、【标准设置】、【加工报表程序】、【删除记录文件】和【缓存】等。

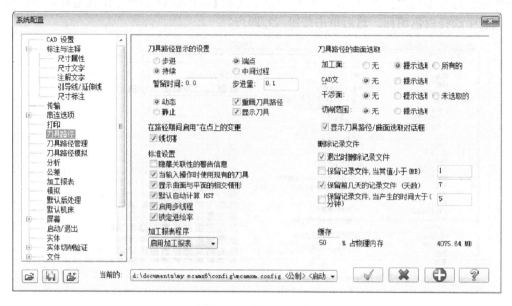

图 1-24　设置刀具路径

在【刀具路径显示的设置】选项组中，可以设置刀具路径是步进模拟还是持续模拟，步进模拟是让刀具路径一步步地显示，而持续模拟则是从头到尾持续不断地显示刀具的行进过程；还可以设置是动态显示还是静态显示，动态显示是指刀具路径在每一点上先显示后消失，而静态显示则是指刀具在刀具路径的每一个点上都显示。

1.4.5　其他设置

【系统配置】对话框中的其他各主要选项含义介绍如下。

（1）【刀具路径模拟】：设置在模拟刀具路径时刀具的各部分显示方式，如快速步进量、夹头颜色等。

（2）【串连选项】：设置串连选择的各部分默认参数，如串连方向、串连模式等。

（3）【传输】：设置计算机和机床之间默认的传输参数，如格式参数、端口参数等。

（4）【转换】：设置文件输入和输出的各项参数，如输出 Parasolid 的版本号、输入 DWG 或 DXF 时是否打断其尺寸标注等。

（5）【默认机床】：选择默认的铣削机床类型、车床类型、雕铣机床类型、线切割机床类型等。

（6）【文件】：设置 Mastercam X6 在默认条件下利用的文件类型，例如，可以在其中设置各种类型的默认打开目录、各种项目默认的存放目录等。

（7）【默认后处理】：对输出的后处理文件摘要进行定义，例如，输出 NC 文件时，是否要询问或编辑等。

（8）【打印】：设置打印的各项参数，如打印线宽和颜色等。

（9）【屏幕】：设置屏幕显示的各项参数，例如，设置旋转时图素显示的数量、定义鼠标中键为平移或旋转等。

（10）【着色】：设置图素的着色模式，如着色材质、光源、透明度等。

（11）【实体】：设置创建实体时系统默认的各图素显示方式，例如，当由曲面转换为实体时，默认为删除曲面还是保留曲面等。

（12）【启动/退出】：定义启动系统、退出系统、更新几何体时默认的各项参数，例如，启动时系统默认要加载的工具条、功能快捷键等。

（13）【公差】：设置 Mastercam X6 执行操作时的精度，例如，可以设置串联公差、刀具路径公差等。

（14）【刀具路径管理器】：定义默认的机床群组名称、刀具路径群组名称、NC 文件名称以及附加值等。

（15）【实体切削验证】：设置验证加工操作正确性时所使用的参数，例如，加工模拟的速度、停止选项等。

（16）【线切割模拟】：设置线切割运动模拟的各项显示参数，如颜色、速度等。

1.5 入门实例

构建如图 1-25 所示形体并进行简单加工。

设计过程

[1] 单击工具栏中的【俯视图】按钮，使绘图面切换到俯视图方向，然后单击工具栏中的【画多边形】按钮，如图 1-26 所示，然在弹出的【多边形选项】对话框中输入【边数】为 "5"，【半径】为 "50"，然后在【坐标输入】栏分别设置【X】为"0.0"，【Y】为 "0.0"，【Z】为 "0.0"，单击【确定】按钮，如图 1-27 所示，即可绘制一个正五边形，如图 1-28 所示。

图 1-25　实例形体

图 1-26　画圆工具栏

图 1-27　绘制圆的参数设置

[2] 重复【多边形】命令，在弹出的【多边形选项】对话框中输入【边数】为"5"，【半径】为"10.0"，然后在【坐标输入】栏分别设置【X】为"0.0"，【Y】为"0.0"，【Z】为"20.0"，单击【确定】按钮✅，绘制另一个小的正五边形，如图1-29所示。

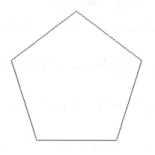

图1-28　绘制正五边形

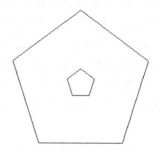

图1-29　绘制小正五边形

[3] 单击如图1-30所示工具栏中的【轴测图】命令按钮⬡将图形切换到轴测图方向，结果如图1-31所示。选择如图1-32工具栏中的【实体】/【举升】命令，此时系统会弹出如图1-33所示的【串连选项】对话框，保持选项不变，依次选择两个正五边形，注意选择点应位于正五边形的同一侧，必要的时候可以用【串连选项】对话框中的按钮⟷调整方向，单击【确定】按钮✅。

图1-30　视图方向工具栏

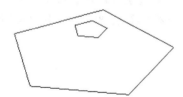

图1-31　轴测方向

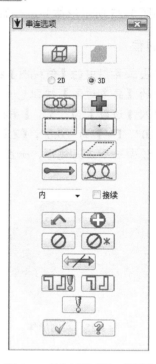

图1-33　【串连选项】对话框

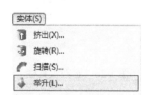

图1-32　举升命令

[4] 系统弹出【举升实体】对话框，如图1-34所示，单击【确定】按钮✅，即可生成实体如图1-35所示。

[5] 单击菜栏中的【实体】/【倒圆角】命令按钮🔲，只选中如图1-36所示【标准选择】工具栏中的【选择实体边界】按钮🔲，然后依次选择要倒圆角的各条边线，选择完成后单击【结束选择】按钮🔲，即可弹出【倒圆角参数】对话框，如图1-37所示，

指定【半径】为"5.0"，其他参数保持默认，单击【确定】按钮，结果如图1-25所示。

图1-34 【举升实体】对话框　　　　图1-35 举升实体

图1-36 【标准选择】工具栏　　　　图1-37 【倒圆角参数】对话框

[6] 选择【机床类型】/【铣床】/【默认】，切换到【铣削】模块，单击【刀具操作管理器】中的【素材设置】，如图1-38所示，系统会弹出【机器群组属性】对话框，如图1-39所示。单击【所有实体】按钮，其他参数保持默认，单击【确定】按钮关闭【机器群组属性】对话框。此时边界盒如图1-40所示。

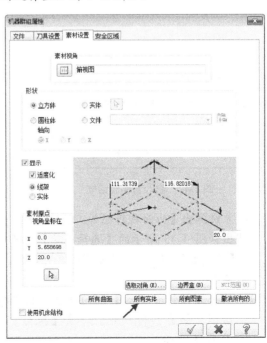

图1-38 操作管理器　　　　图1-39 【机器群组属性】对话框

[7] 选择如图 1-41 所示的【刀具路径】/【曲面粗加工】/【粗加工残料加工】命令，系统弹出【输入新 NC 名称】对话框，如图 1-42 所示。键入名称，单击【确定】按钮 ，选择所有加工面，单击【结束选择】按钮 ，系统弹出【刀具路径的曲面选取】对话框，如图 1-43 所示。保持参数默认，单击【确定】按钮 。

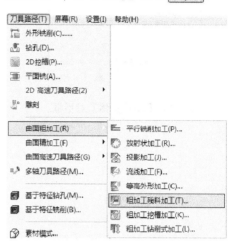

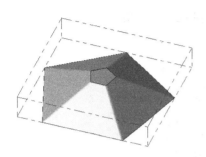

图 1-40 【边界盒选项】对话框   图 1-41 【粗加工残料加工】命令

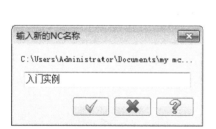

图 1-42 输入名称对话框   图 1-43 【刀具路径曲面选取】对话框

[8] 系统弹出【曲面残料粗加工】对话框，如图 1-44 所示。单击【选择刀库】按钮，弹出如图 1-45 所示的【选择刀具】对话框，选择直径为 "6.0" 的刀，然后依次单击【确定】按钮 。关闭所有对话框，系统会自动计算刀具路径，结果如图 1-46 所示。

[9] 单击【操作管理器】中的【验证已选择的操作】图标 ，系统弹出【验证】对话框，如图 1-47 所示。单击【执行】按钮 ，即可开始加工仿真，仿真结果如图 1-48 所示。

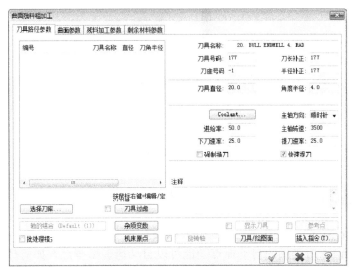

图 1-44 【曲面残料粗加工】对话框

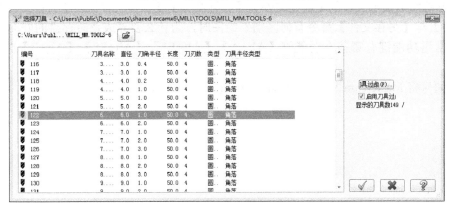

图 1-45 【选择刀具】对话框

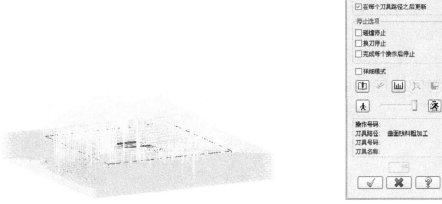

图 1-46 刀具路径 　　　　　　　　　　图 1-47 【验证】对话框

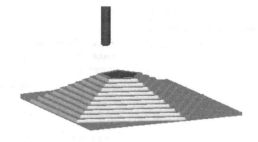

图 1-48　仿真结果

1.6　课后练习

（1）Mastercam X6 的工作界面由哪几部分组成？

（2）Mastercam X6 所提供的自动抓点功能可以自动捕捉哪些点？如何打开和关闭自动抓点功能？

（3）熟练掌握图形文件的【新建文件】、【打开文件】、【保存文件】和【另存文件】命令，【保存文件】与【另存文件】命令有何区别？绘图时，为什么要养成及时存盘的好习惯？

（4）常用功能键有哪些？功能键【Alt+A】、【Alt+F1】、【Alt+F8】、【Alt+Z】分别代表什么？

（5）如何将 Mastercam X6 工作界面背景色设置为白色？

第2章 绘制二维图形

在目前的 CAD 软件中，任何三维模型的创建都要以二维图形为基础，而且在 Mastercam X6 中，二维铣削加工创建刀具轨迹也要以二维图形为主要依据，二维图形直接关系到三维模型的创建质量和数控加工的正确性和准确性，因此首先要熟练掌握二维绘图的基本方法和编辑技巧。

Mastercam X6 提供了十分强大的二维图形绘制功能。本章主要介绍如何使用 Mastercam X6 的二维图形绘制功能绘制各类基本的二维图形，包括点、直线、圆弧与圆、矩形、正多边形、椭圆、样条曲线、螺旋线、文字、圆周点、边界盒和一些特殊二维图形等。

【学习要点】

- 点的绘制。
- 各种直线的绘制。
- 圆和圆弧的绘制。
- 矩形与多边形的绘制。
- 圆角和倒角的绘制。
- 文字和曲线的绘制。

2.1 基础知识

点、直线、圆、圆弧、多边形、曲线和文字等是构成二维图形的基本图素，Mastercam X6 为用户提供了实用而强大的二维图形绘制和编辑功能，本章简单介绍这些基本绘图命令的使用方法。

Mastercam X6 将所有二维绘图命令都置于【绘图】菜单中，如图 2-1 所示。而一些常用基本二维图形绘制命令按钮集中在如图 2-2 所示的【基础绘图】工具栏中。在【基础绘图】工具栏中若单击某绘图工具按钮右侧的下拉三角形按钮，则会打开其相应的按钮列表，如图 2-3 所示，可以从该列表中选择所需的命令来执行相应的操作。

图 2-1 【绘图】菜单

图 2-3 按钮列表

图 2-2 【基础绘图】工具栏

用户可以从【绘图】菜单中选择所需的绘制命令，也可以在【基础绘图】工具栏中单击相应的绘制工具按钮执行相应的命令。

2.1.1 绘点

点是最基本的图素，任何线条都可以看作若干点按一定方式组成的。此外，点还可以用来定位。

Mastercam X6 为用户提供了多种绘制点的方法，常用的有绘点、动态绘点、曲线节点、绘制等分点、端点、小圆心点、穿线点、切点等命令。【绘点】菜单如图 2-4 所示。

图 2-4 【绘点】菜单

1．指定位置绘点

要绘图首先要学习已知位置点的绘制。选择【绘图】/【绘点】命令，或单击【基础绘图】工具栏中的图标命令 ✛，系统会弹出如图 2-5 所示绘点操作栏。此时有多种方式在指定位置绘点。

图 2-5 绘点操作栏

1）坐标方式

在如图 2-6 所示的【自动抓点】工具栏中输入坐标，然后按 Enter 键即可。

2）快速绘点方式

如果单击工具栏中的【快速绘点】按钮，如图 2-7 所示，在文本框中键入坐标值，然后按 Enter 键，可以实现快速绘点。

图 2-6 【自动抓点】工具栏   图 2-7 单击【快速绘点】按钮

3）捕捉绘点方式

可以在已绘制图形中捕捉特殊位置点来绘制新点。Mastercam X6 提供了两种点捕捉方式，即自动捕捉和设定捕捉。

要设置自动捕捉，在【自动抓点】工具栏中单击【配置】按钮，系统弹出如图 2-8 所示的【自动抓点设置】对话框，从中设置自动捕捉点的相关配置，然后单击【确定】按钮 ✓。

要使用设定捕捉，在【自动抓点】工具栏中单击按钮 ▾，弹出用于设定捕捉操作的按钮列表，如图 2-9 所示，从中选择所需的点捕捉按钮，然后用鼠标在绘图区捕捉对象的特征点来创建点。

图 2-8 【自动抓点设置】对话框

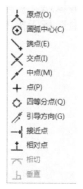

图 2-9 设定捕捉列表

设定捕捉的优先级比自动捕捉的优先级要高，但设定捕捉每次只能捕捉指定的一类点，当完成设定捕捉操作后，自动捕捉功能会恢复。

要结束绘点命令，单击如图 2-5 所示绘点操作栏中的【确定】按钮✓即可。

2．动态绘点

动态绘点命令用于在指定的直线、圆弧、曲线、曲面或实体面上动态地绘制点或法线。

选择【绘图】/【绘点】/【动态绘点】，或者单击【基础绘图】工具栏中的图标命令，会弹出如图 2-10 所示【动态绘点】操作栏，此时选择相应图素，在所选图素上会显示一个箭头，箭头会随鼠标的移动沿图素（或其延长线）滑动，同时【动态绘点】操作栏的【距离值】动态更新。当箭头滑动到所需位置时，单击即可在指定图素（或其延长线）上绘制一个点。用户也可以输入具体的【距离值】和【补正值】，然后按 Enter 键，即可画出指定位置的点。

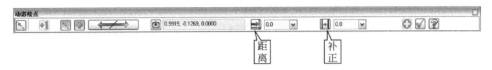

图 2-10 【动态绘点】操作栏

3．绘制曲线节点

绘制曲线节点命令用于在已知曲线上绘制节点。

选择【绘图】/【绘点】/【曲线节点】，或者单击【基础绘图】工具栏中的图标命令，此时选取相应曲线，即可自动绘出该曲线的节点，并且自动结束命令。

4．绘制等分点

绘制等分点命令用于在已知图素上绘制"定距等分点"或"定数等分点"。

选择【绘图】/【绘点】/【绘制等分点】，或者单击【基础绘图】工具栏中的图标命令，会弹出如图 2-11 所示【等分绘点】操作栏，此时选择相应图素，就可以在其上面绘制等分点。等分点可以利用【距离】和【次数】等参数调整。

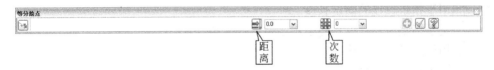

图 2-11 【等分绘点】操作栏

5．绘制端点

选择【绘图】/【绘点】/【端点】，或者单击【基础绘图】工具栏中的图标命令，系统会将绘图区所有几何图形的端点绘出。

6．绘制小圆心点

选择【绘图】/【绘点】/【小圆心点】，或者单击【基础绘图】工具栏中的图标命令，会弹出如图 2-12 所示【绘制小圆心点】操作栏，框选所有圆和圆弧，系统会自动绘制半径小于指定值的圆和圆弧的圆心点。

图 2-12 【绘制小圆心点】操作栏

2.1.2　绘制直线

绘制直线的方式和绘制点相似，选择【绘图】/【任意线】，或者单击【基础绘图】工具栏上的图标 ＼ ▪ 右侧的箭头，会弹出如图 2-13 所示绘制直线命令菜单。Mastercam X6 提供了 6 类直线的绘制方法，下面简单介绍一下。

图 2-13　绘制直线命令菜单

1．绘制任意线

选择【绘图】/【绘线】/【绘制任意线】，或者单击图标命令 ＼，会弹出如图 2-14 所示【直线】操作栏，接着在绘图区分别指定两个端点，然后单击【直线】操作栏中的【确定】按钮 ✓，即可完成一条直线的绘制。

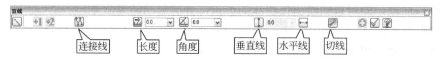

图 2-14　【直线】操作栏

该命令可以绘制水平线、垂直线、极坐标线、连续线或者切线，操作栏中各图标作用如下。

（1） 用于绘制一组首尾相连的直线。

（2） 用于指定直线的固定长度。

（3） 用于指定所绘直线相对于水平位置的夹角。

（4） 用于绘制垂直直线。

（5） 用于绘制水平直线。

（6） 用于绘制和已知圆或圆弧相切的直线。

2．绘制近距线

选择【绘图】/【绘线】/【绘制两图素间的近距线】，或者单击图标命令 ，此时选择两已知图素，系统会在两图素间绘制最近的连线。

如果所选的两个图素实际相交，那么系统将创建一个交点来表示一个零长度的近距线。

3．绘制分角线

选择【绘图】/【绘线】/【绘制分角线】，或者单击图标命令 Ⅴ，系统弹出【平分线】操作栏，如图 2-15 所示，选择要创建分角线的两条直线，系统会在两直线的交点处绘出一条角的平分线。

图 2-15　【平分线】操作栏

4．绘制垂直正交线

绘制垂直正交线命令用于绘制与已知直线、圆弧或者曲线（即法线方向）相垂直的线。

选择【绘图】/【绘线】/【绘制垂直正交线】，或者单击图标命令 |→，系统弹出【垂直正交线】操作栏，选取已有图素，移动鼠标并在适当位置单击，即可绘制出一条经过单击点并且与选定线段垂直的直线段。按照提示重复操作，可以绘制多条与选定图素垂直的直线段。

5．绘制平行线

绘制平行线命令用于绘制与已知直线相平行的直线。

选择【绘图】/【绘线】/【绘制平行线】，或者单击图标命令 ╲，系统弹出如图 2-16 所示【平行线】操作栏，用户选取一已有直线，然后指定一个点，即可绘制出经过该点并且与选定直线平行的直线段，绘出的线段长度与用户选定的已有直线的长度相等。

图 2-16 【平行线】操作栏

6．绘制切线

绘制切线命令用于绘制过指定点与已知圆、圆弧或者曲线相切的直线。

选择【绘图】/【任意线】/【通过点相切】，或者单击图标命令 ╯，系统弹出如图 2-17 所示【切线】操作栏，在用户选取的一条已有圆弧或曲线上，先指定一个切点，然后指定切线的第二个端点或者输入切线长度，即可绘制出一条在第一个指定点与指定圆弧或曲线相切的直线段，并且在活动状态下（即线段未固定之前），线段的长度、第一点（切点）、第二点均可动态修改，也可以重新选择相切的圆弧或曲线。

图 2-17 【切线】操作栏

2.1.3 绘制圆弧

Mastercam X6 提供了 7 种绘制圆或者圆弧的方法。选择【绘图】/【圆弧】命令，或者单击【基础绘图】工具栏中的图标 ⊙▾ 右侧的箭头，系统会弹出绘制圆和圆弧命令菜单，如图 2-18 所示。

图 2-18 绘制圆和圆弧命令菜单

1．已知圆心点画圆

已知圆心点画圆是最常见的一种绘圆方式，是指通过指定圆心点和半径来创建一个圆，还可以绘制与直线或圆弧相切的圆。

选择【绘图】/【绘弧】/【已知圆心点画圆】，或者单击图标命令⊕，系统会弹出【编辑圆心点】操作栏，如图 2-19 所示。指定圆心、半径（或直径）就可绘制出圆。也可以在指定圆心后，按下操作栏中的相切按钮✎，然后选择需相切的直线或者圆弧绘制圆。

图 2-19 【编辑圆心点】操作栏

2．极坐标圆弧

极坐标圆弧命令是指通过确定圆心、半径（或直径）、起止角度来绘制圆弧。

选择【绘图】/【绘弧】/【极坐标圆弧】，或者单击图标命令⟲，系统会弹出【极坐标画弧】操作栏，如图 2-20 所示，依次指定相关参数即可绘制所需圆弧。

使用操作栏中的 ⟵⟶ 按钮，可以切换圆弧的起始角度和终止角度，而使用操作栏中的【相切】按钮✎，则可以创建与直线或圆弧/圆相切的圆弧。

图 2-20 【极坐标画弧】操作栏

其他按钮含义如下。

（1）⊕用于指定半径。

（2）⊛用于指定直径。

（3）◿用于指定起始角度。

（4）◺用于指定终止角度。

3．已知边界三点画圆

已知边界三点画圆命令是指通过指定不在同一直线上的三点绘制一个圆。

选择【绘图】/【绘弧】/【三点画圆】，或者单击图标命令◌，系统会弹出【已知边界点画圆】操作栏，如图 2-21 所示。该命令支持三点画圆和两点画圆的方式。

图 2-21 【已知边界点画圆】操作栏

（1）⊞1编辑第一点。

（2）⊞2编辑第二点。

（3）⊞3编辑第三点。

（4）◌通过指定圆周上的 3 个点绘制圆。

（5）◌通过指定直径上的两个端点绘制圆。

（6）✎用于创建同时与 3 个图素相切的圆，前提是要求在这 3 个图素之间必须存在着相切的圆。

4．两点画弧

两点画弧命令是指通过指定圆弧的两端点和半径（或直径）的方式绘制圆弧。

选择【绘图】/【绘弧】/【两点画弧】，或者单击图标命令⟳，系统会弹出【两点画弧】

操作栏，如图 2-22 所示。此时分别指定两端点和半径即可画弧。

图 2-22 【两点画弧】操作栏

5．三点画弧

三点画弧命令是指通过指定圆弧的任意三点绘制圆弧。

选择【绘图】/【绘弧】/【三点画弧】，或者单击图标命令 ⊹，系统会弹出【三点画弧】操作栏，如图 2-23 所示。此时分别指定圆弧上任意三点即可画弧。其中指定的第 1 点和第 3 点将作为圆弧的端点。也可以通过依次选取 3 个图素来绘制相切圆弧，圆弧的端点位于第 1 个和第 3 个切点处。

图 2-23 【三点画弧】操作栏

6．创建极坐标画弧

创建极坐标画弧命令是指通过确定圆弧的起点或者终点，并给出半径（或直径）、起止角度来绘制圆弧。其中，只要指定圆弧的起始点和终止点两者之一即可。

选择【绘图】/【绘弧】/【极坐标画弧】，或者单击图标命令 ↖，系统会弹出【极坐标点画弧】操作栏，如图 2-24 所示，给定相关参数即可完成画弧。

图 2-24 【极坐标点画弧】操作栏

> 📖 提示：极坐标点画弧可以分别用指定圆弧的起点或者终点的方法画弧，所绘圆弧形状相同但是方向是不同的。

7．切弧

切弧命令可以绘制与已知图素相切的圆弧。

选择【绘图】/【绘弧】/【切弧】，或者单击图标命令 ◐，系统会弹出【切弧】操作栏，如图 2-25 所示。该命令有 7 种方式画弧。

图 2-25 【切弧】操作栏

（1）◉与已图素相切。
（2）◉通过一点与已知图素相切。
（3）◉指定中心线位置与已知图素相切。
（4）◗动态指定相切位置与已知图素相切。
（5）◉指定三图素绘制相切弧。
（6）◉指定三图素绘制相切圆。

（7）🔲指定半径或直径，然后指定两相切图素绘制圆弧。

2.1.4 绘制矩形

在 Mastercam X6 中，可以使用【矩形】和【矩形形状设置】两个命令来绘制矩形。

1．矩形命令

选择【绘图】/【矩形】，或者单击图标命令 🔲，系统会弹出【矩形】操作栏，如图 2-26 所示，从中设置矩形的相关参数，并在提示下执行相关操作来绘制矩形。

图 2-26 【矩形】操作栏

矩形命令提供了 3 种绘制矩形的方法。

（1）指定矩形的两角点绘矩形。

（2）指定矩形的一角点，以及宽度和高度绘矩形。

（3）指定矩形的中心点，以及宽度和高度绘矩形。

2．矩形形状设置

除了标准矩形的绘制，Mastercam X6 还支持变形矩形的绘制。选择【绘图】/【矩形形状设置】，或者单击图标命令 🔲，系统会弹出【矩形选项】对话框，如图 2-27 所示。对话框中各选项含义如下。

（1）【一点】：选择此选项时，采用基准点法绘制矩形。

（2）【两点】：选择此选项时，通过指定两角点的方式绘制矩形。选择该方式时，【矩形选项】对话框变为如图 2-28 所示。

图 2-27 【矩形选项】对话框 1

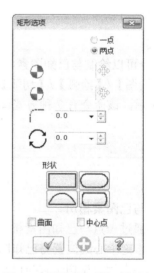

图 2-28 【矩形选项】对话框 2

（1）🔲（宽度）：用于设置矩形宽度。可以在其文本框中直接输入宽度值，也可以单击

按钮 ，然后在绘图区选定位置以确定新的宽度。

（2）（高度）：用于设置矩形高度。可以在其文本框中直接输入高度值，也可以单击按钮 ，然后在绘图区选定位置来确定新的高度。

（3）（圆角半径）：在该文本框中输入矩形圆角的半径值。

（4）（旋转）：在该文本框中输入矩形旋转的角度数值。

（5）【形状】选项组：在该选项组中，设置要创建的矩形形状。

（6）【固定位置】选项组：在该选项组中设置矩形基准点的定位方式，即设置给定的基准点在矩形中的具体方位。

（7）【曲面】复选框：如果选中此复选框，则创建矩形时产生矩形曲面。

（8）【中心点】复选框：如果选中此复选框，则在绘制矩形时创建矩形的中心点。

2.1.5 绘制正多边形

选择【绘图】/【画多边形】，或者单击图标命令 ，系统会弹出【多边形选项】对话框，如图 2-29 所示，单击对话框左上角的箭头按钮 ，即可展开【多边形选项】对话框，如图 2-30 所示。设定相关参数即可绘制相应的正多边形。

图 2-29 【多边形选项】对话框

图 2-30 展开【多边形选项】对话框

对话框中各按钮及选项含义如下。

（1）（边数）：在该文本框中设置多边形的边数。

（2）（半径）：用于设置多边形内切圆或外接圆的半径。

（3）【内接圆】：用于设置正多边形内接于圆。

（4）【外切圆】：单用于设置正多边形外切于圆。

（5）（圆角）：用于指定多边形的圆角半径值。

（6）（旋转）：用于设置多边形的旋转角度值。

（7）【曲面】复选框：用于设置产生正多边形曲面。

（8）【中心点】复选框：用于设置产生正多边形的中心点。

2.1.6 绘制椭圆

绘制椭圆命令可以绘制完整的椭圆，也可以绘制椭圆弧。

选择【绘图】/【画椭圆】，或者单击图标命令 ⬭，系统会弹出【椭圆选项】对话框，如图 2-31 所示，单击对话框左上角的箭头按钮 ⬇，即可展开【椭圆选项】对话框，如图 2-32 所示。设定相关参数即可绘制相应的椭圆或椭圆弧。

图 2-31 【椭圆选项】对话框

图 2-32 展开【椭圆选项】对话框

对话框中各按钮及选项含义如下。

（1） ⬀ （半径 A）：用于设置椭圆在水平方向上的半轴长度。

（2） ⬆ （半径 B）：用于设置椭圆在垂直方向上的半轴长度。

（3） NURBS ▾ ：从该下拉列表框中可以选择"NURBS"、"圆弧分段"或"直线分段"选项，以定义椭圆生成方式。

（4）【公差】：用于设置公差值。

（5）【角度】选项组：在该选项组中，可以在【起始角度】文本框中输入椭圆的起始角度，在【结束角度】文本框中输入椭圆的终止角度，从而形成椭圆弧。

（6） ⟳ （旋转）：在【旋转】文本框中设置椭圆的旋转角度，可以生成倾斜的椭圆或椭圆弧。

（7）【曲面】复选框：若选中该复选框，则产生椭圆形状的曲面。

（8）【中心点】复选框：若选中该复选框，则在绘制椭圆时产生椭圆的中心点。

2.1.7 绘制曲线

选择【绘图】/【曲线】，或者单击图标命令 ⌐ 右面的箭头，系统会弹出绘制曲线菜单，如图 2-33 所示。

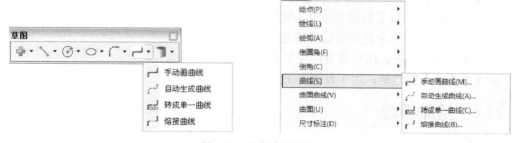

图 2-33 绘制曲线菜单

1. 手动画曲线

手动画曲线命令是指绘制曲线时，按照系统提示逐个输入点来生成一条样条曲线。

选择【绘图】/【曲线】/【手动画曲线】，或者单击图标命令 ，系统弹出如图 2-34 所示【曲线】操作栏，依次输入多个点，即可手动绘制样条曲线。

图 2-34 【曲线】操作栏

如果要在创建曲线的过程中设置曲线端点的切线方向，那么可以在指定第一个点之前，在【曲线】操作栏中按下【编辑端点】按钮 ，然后在绘图区指定所有点并按 Enter 键后，【曲线】操作栏转换为如图 2-35 所示【曲线端点】操作栏，从中可以编辑端点状态。

图 2-35 【曲线端点】操作栏

2. 自动生成曲线

自动生成曲线命令是指利用已有的 3 个点来绘制样条曲线。

选择【绘图】/【曲线】/【自动生成曲线】，或者单击图标命令 ，系统弹出如图 2-36 所示【自动创建曲线】操作栏，根据系统提示依次选择第一点、第二点和最后一点，系统会自动绘制出样条曲线。

图 2-36 【自动创建曲线】操作栏

3. 转成单一曲线

转成单一曲线命令是指将一系列首尾相连的图素，如圆弧、直线和曲线等，转换为单一样条曲线。

选择【绘图】/【曲线】/【转成单一曲线】，或者单击图标命令 ，系统会同时弹出【串联选项】对话框和【转成曲线】操作栏，如图 2-37 所示，此时即可进行转成曲线操作。

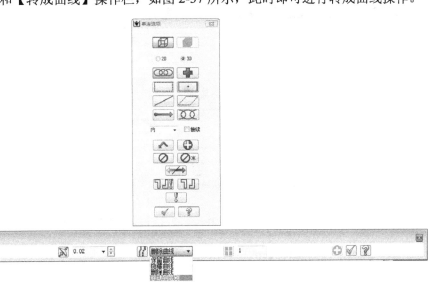

图 2-37 【串联选项】对话框和【转成曲线】操作栏

操作栏中按钮含义如下。

（1） （串连）：用于打开【串连选项】对话框，重新指定串连。

（2） （误差）：用于设置拟合公差，误差值越小，则生成的单一样条曲线与原曲线串连越接近。

（3） （原始曲线）：用于选择对原始曲线的处理方式。

4．熔接曲线

熔接曲线命令的作用是将两个对象从给定点处相熔接，对象可以是曲线、圆弧、直线等。

选择【绘图】/【曲线】/【熔接曲线】，或者单击图标命令 ，系统会弹出【曲线熔接】操作栏，如图 2-38 所示，按照提示选取两条已有曲线，同时滑移箭头分别在两条曲线上指定连接点（相切点）的位置，即可绘制出一条与两条被选线段分别相切的熔接曲线。

用户可以选择不同的修剪方式，去控制两条被选线段的修剪延伸效果，还可以通过输入不同的"第一点范围"和"第二点范围"去改变熔接曲线两端与对应切点的连接长度，所输入的数值绝对值越大，相应的连接长度越长，正负数值代表相反的相切方向。

图 2-38 【曲线熔接】操作栏

操作栏中按钮含义如下。

（1） （【修剪】按钮）包括无、两者、第一条曲线、第二条曲线 4 种情况，用来设置熔接后原曲线的修剪状态。

（2） （【第一点范围】按钮）和 （【第二点范围】按钮）：这两个按钮的值越大，对原曲线形状改变就越大，一般取默认值即可。

2.1.8　绘制螺旋线

Mastercam X6 提供了两种绘制螺旋线的方式。

1．绘制螺旋线（间距）

选择【绘图】/【绘制螺旋线（间距）】，或单击图标命令 ，系统会弹出【螺旋形】对话框，如图 2-39 所示，设定各项参数即可绘制螺旋线。

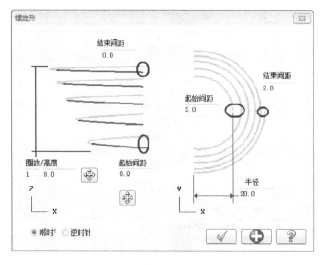

图 2-39 【螺旋形】对话框

在【螺旋形】对话框中，可以设置该螺旋形曲线是顺时针螺旋还是逆时针螺旋，并且可以设置起始间距、结束间距、螺旋半径、圈数、高度。【螺旋形】对话框中的【基准点】按钮用于修改螺旋线的基准点位置。如果设置螺旋线的高度值为零，那么创建的螺旋线为平面螺旋线；如果设置螺旋线的高度值大于零，那么创建的螺旋线为空间螺旋线。

2．绘制螺旋线（锥度）

选择【绘图】/【绘制螺旋线（锥度）】，或者单击图标命令 ，系统会弹出【螺旋状】对话框，如图 2-40 所示，设定对话框中各项参数即可绘制螺旋线。

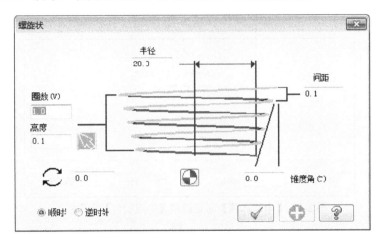

图 2-40 【螺旋状】对话框

📖 **提示**：绘制螺旋线间距方式一般用来绘制各种螺旋线，而绘制螺旋线锥度方式一般用来绘制螺纹及等距弹簧等。

2.1.9　绘制圆角和倒角

圆角和倒角是机械零部件中很常见的结构。Mastercam X6 中对于圆角和倒角各提供了两种绘制方式。

1．倒圆角

选择【绘图】/【倒圆角】/【倒圆角】，或者单击图标命令 ，系统会弹出【圆角】操作栏，如图 2-41 所示，指定圆角半径及倒圆角方式，即可进行倒圆角命令。

图 2-41【圆角】操作栏

2．串连倒圆角

串连倒圆角命令可以将串连的几何图素一次性完成倒圆角。选择【绘图】/【倒圆角】/【串连倒圆角】，或者单击图标命令 ，系统会弹出【串连选项】对话框和【串连倒圆角】操作栏，如图 2-42 所示，设置好串连选项，指定圆角半径及倒圆角方式，即可进行串连倒圆角命令。

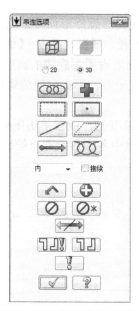

图 2-42 【串连选项】对话框和【串连倒角】操作栏

3. 倒角

选择【绘图】/【倒角】，或者单击图标命令 ，系统会弹出【倒角】操作栏，如图 2-43 所示，该操作栏指定了 4 种倒角的几何尺寸设定方法，单击每一种后分别会有如图 2-44 所示形提示，根据提示设定相关参数即可绘制倒角。

图 2-43 【倒角】操作栏

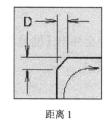
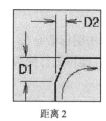
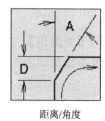
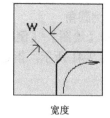

距离 1 　　　　距离 2 　　　　距离/角度 　　　　宽度

图 2-44 倒角几何尺寸设定方法

4. 串连倒角

串连倒角命令可以将串连的几何图素一次性完成倒角。选择【绘图】/【倒角】/【串连倒角】，或者单击图标命令 ，系统会弹出与图 2-42 相似的【串连选项】对话框和【串连倒角】操作栏，设置好串连选项，指定相关尺寸及倒角方式，即可进行串连倒角命令。

2.1.10　绘制文字

绘制文字命令所绘制的文字主要用于工件表面文字雕刻。选择【绘图】/【绘制文字】，或者单击【基础绘图】工具栏中的图标命令 L，系统会弹出【绘制文字】对话框，如图 2-45 所示。

单击【真实字型】按钮设置字体，系统会弹出【字体】对话框，如图 2-46 所示。设置好字体后，设定文字对齐方式、参数（高度、圆弧半径、间距）及文字内容，即可绘制所需文字了。

图 2-45 【绘制文字】对话框

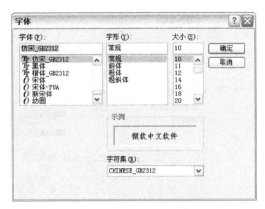

图 2-46 【字体】对话框

2.1.11 其他图形的绘制

除了前面所述的图形绘制命令，Mastercam X6 还提供了几种特殊图形的绘制命令，下面简单介绍一下。

1．绘制边界盒

绘制边界盒命令可以按照所绘图形的长、宽、高生成一个线框，主要用于加工操作，便于走刀设定和装夹定位。该线框可以是矩形、圆、圆柱体和长方体等形状。

选择【绘图】/【边界盒】，或单击【基础绘图】工具栏中的图标命令 ⬚，系统会弹出【边界盒选项】对话框，如图 2-47 所示，设定相关参数即可绘制所需边界盒。

2．创建释放槽

创建释放槽命令是用来绘制机械零件上常见的工艺结构退刀槽。选择【绘图】/【释放槽】，或者单击图标命令 ✍，系统会弹出【标准环切凹槽参数】对话框，如图 2-48 所示。【标准环切凹槽参数】对话框提供了形状、方向、修剪/打断、尺寸标注和位置等参数的设置，根据需要设定相关参数即可。

图 2-47 【边界盒选项】对话框

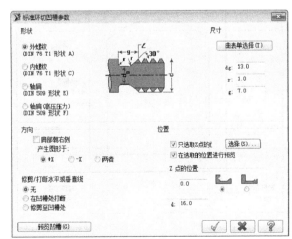

图 2-48 【标准环切凹槽参数】对话框

3. 画楼梯状图形

选择【绘图】/【楼梯状图形】，系统会弹出【画楼梯状图形】对话框，如图 2-49 所示，设置相关参数即可绘图。

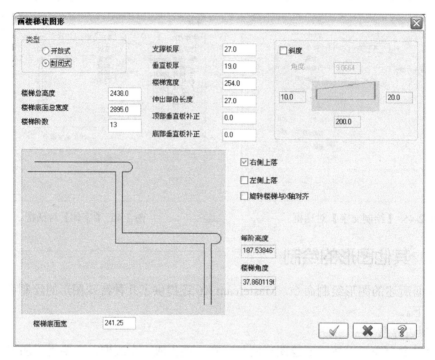

图 2-49 【画楼梯状图形】对话框

4. 画门状图形

选择【绘图】/【门状图形】，系统会弹出【画门状图形】对话框，如图 2-50 所示，设置相关参数即可绘图。

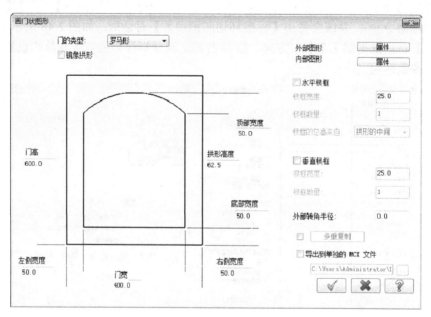

图 2-50 【画门状图形】对话框

2.2 绘制基本图形实例

本节我们以数个简单的实例，来介绍一下前面讲述的基本二维图形绘制命令的具体使用步骤及相应的注意事项。

2.2.1 实例 绘制任意线练习

使用绘制任意线命令绘制如图 2-51 所示的二维图形。

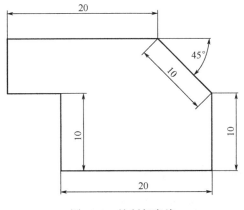

图 2-51 绘制任意线

设计步骤

[1] 选择【绘图】/【任意线】/【绘制任意线】，弹出如图 2-52 所示的【直线】操作栏，单击【连续线】按钮。

图 2-52 【直线】操作栏

[2] 在绘图区以给定的任意点作为绘图的起始点，在工具栏中输入长度"20.0"，按 Enter 键确认；输入角度"0.0"，按 Enter 键确认，如图 2-53（a）所示。

[3] 在工具栏中输入长度"10.0"，按 Enter 键确认；输入角度"315.0"，按 Enter 键确认。

[4] 在工具栏中输入长度"10.0"，按 Enter 键确认；输入角度"270.0"，按 Enter 键确认。

[5] 在工具栏中输入长度"20.0"，按 Enter 键确认；输入角度"180.0"，按 Enter 键确认。

[6] 在工具栏中输入长度"10.0"，按 Enter 键确认；输入角度"90.0"，按 Enter 键确认，如图 2-53（b）所示。

[7] 单击【水平锁定图标】按钮，用鼠标单击起始点，如图 2-53（c）所示；单击【垂直锁定图标】按钮，用鼠标单击起始点，即可完成图形，如图 2-53（d）所示。

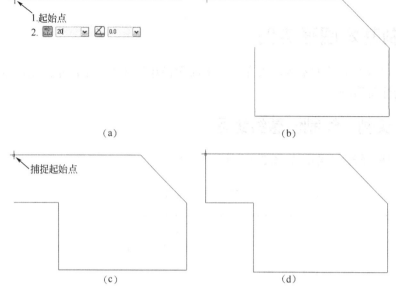

图 2-53　绘制任意线

2.2.2　实例　绘制平行线练习

使用绘制平行线命令绘制与已知直线平行且与另一圆相切的直线，如图 2-54 所示。

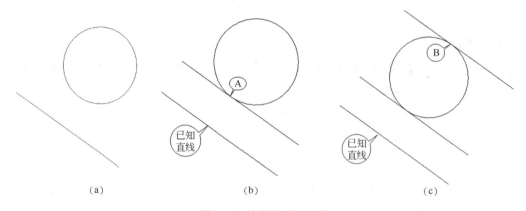

图 2-54　绘制圆弧平行线

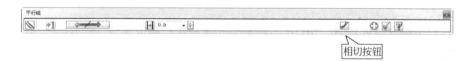

图 2-55　【平行线】操作栏

设计步骤

[1]　选择【绘图】/【绘线】/【绘制平行线】，弹出如图 2-55 所示的【平行线】操作栏，
　　　单击【相切】按钮　。

[2]　在绘图区选取已知直线，然后在 A 点附近选择圆，如图 2-54（b）所示。

[3] 在绘图区选取已知直线，然后在 B 点附近选择圆，如图 2-54（c）所示。

[4] 单击【确定】按钮 ✓ ，或者按 Enter 键确认。

2.2.3 实例 绘制极坐标圆弧练习

已知圆心，使用极坐标圆弧命令绘制一条圆弧，如图 2-56 所示。

设计步骤

[1] 选择【绘图】/【绘弧】/【极坐标圆弧】，弹出如图 2-57 所示的【极坐标画弧】操作栏。

[2] 在工具栏中分别填入半径"15.0"、起始角度"90.0"、终止角度"160.0"。

[3] 在绘图区选取已知圆心，单击【确定】按钮 ✓ ，即可完成。

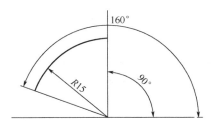

图 2-56 绘制圆弧平行线

图 2-57 【极坐标画弧】操作栏

> 📖 提示：极坐标圆弧命令和极坐标画弧命令有些类似，主要区别是前者已知圆弧的圆心，而后者是已知圆弧的起点或者终点。

2.2.4 实例 绘制切弧练习

使用切弧命令绘制已知 3 个圆的公切圆，如图 2-58 所示。

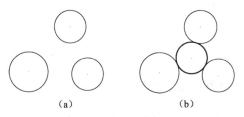

（a）   （b）

图 2-58 绘制切弧

设计步骤

[1] 选择【绘图】/【绘弧】/【切弧】，弹出如图 2-59 所示【切弧】操作栏，单击【三物体切圆】按钮 ⊙ 。

[2] 根据系统提示依次选取已知 3 个圆的内侧。

[3] 单击【确定】按钮 ✓ ，结果如图 2-58（b）所示。

图 2-59 【切弧】工具栏

2.2.5 实例 绘制多边形练习

绘制外接圆半径为"30.0"的正六边形，并绘出中心点。

设计步骤

[1] 选择【绘图】/【画多边形】，系统会弹出如图 2-60 所示的【多边形选项】对话框。

[2] 在对话框中边数栏里输入"6.0"，半径输入"30.0"。

[3] 选中【角落】选项，勾选【中心点】选项。

[4] 在绘图区指定正六边形的中心，如图 2-61（a）所示

[5] 单击【确定】按钮 ✓，结果如图 2-61（b）所示。

图 2-60 【多边形选项】对话框

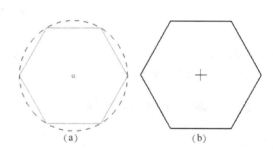

图 2-61 绘制正六边形

> 📖 提示：【多边形选项】对话框中还有【圆角】、【倾斜角度】等选项，可根据需要进行相应设置。

2.2.6 实例 绘制椭圆练习

绘制长轴半径为"20.0"，短轴半径为"15.0"且倾斜角度为"360.0"的椭圆，并绘圆心，如图 2-62 所示。

设计步骤

[1] 选择【绘图】/【画椭圆】，系统会弹出如图 2-63 所示的【椭圆选项】对话框。

[2] 在对话框中依次输入长轴半径为"20.0"、短轴半径"15.0"。

[3] 输入旋转角度为"360.0"，勾选【中心点】选项。

[4] 在绘图区指定椭圆的中心，单击【确定】按钮 ✓，结果如图 2-62 所示。

📖 **提示：** 画椭圆命令可以绘制椭圆弧，方法是在该对话框中设置好椭圆弧的起始角度和终止角度即可。

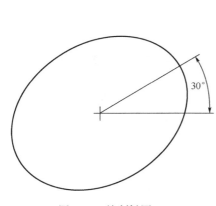

图 2-62　绘制椭圆

图 2-63　【椭圆选项】对话框

2.2.7　实例　绘制熔接曲线练习

已知两曲线，如图 2-65（a）所示，从指定点处将两曲线熔接。

🐎 **设计步骤**

[1]　选择【绘图】/【曲线】/【熔接曲线】，系统会弹出如图 2-64 所示的【曲线熔接】操作栏，保持操作栏中参数均为默认状态。

图 2-64　【曲线熔接】操作栏

[2]　选择第一条曲线，并且拖动箭头到 1 点，以指明该曲线上的熔接点，如图 2-65（b）所示。

[3]　选择第二条曲线，并且拖动箭头到 2 点，以指明该曲线上的熔接点如图 2-65（c）所示。

[4]　单击【确定】按钮 ✅，结果如图 2-65（d）所示。

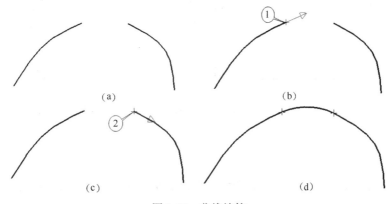

图 2-65　曲线熔接

2.2.8 实例 绘制螺旋线练习

绘制如图 2-66 所示螺旋线，已知圈数为"8.0"，高度为"40.0"，半径为"20.0"，螺距为"5.0"。

设计步骤

[1] 选择【绘图】/【绘制螺旋线（锥度）】，系统会弹出如图 2-67 所示【螺旋形】对话框。

[2] 输入半径为"20.0"，圈数为"8.0"，高度为"40.0"，设定间距为"5.0"。

[3] 单击【确定】按钮☑，完成绘制。

[4] 单击【等视图】按钮⊞以调整视角，结果如图 2-66 所示。

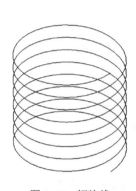

图 2-66 螺旋线

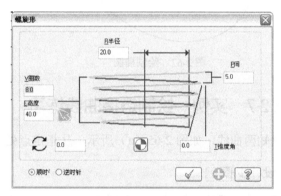

图 2-67 【螺旋形】对话框

2.2.9 实例 绘制矩形、圆角、倒角练习

绘制如图 2-68（a）所示的平面图形。

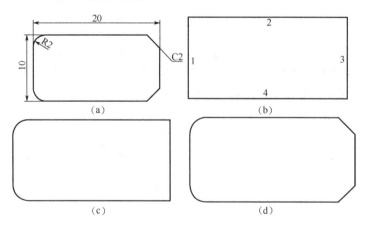

图 2-68 绘制平面图形

设计步骤

[1] 选择【绘图】/【矩形】，系统会弹出如图 2-69 所示的【矩形】操作栏。

图 2-69 【矩形】操作栏

[2] 输入宽度为 "20.0"，高度为 "10.0"，在绘图区单击一点确定矩形的位置，单击【确定】按钮，完成矩形绘制，如图 2-68（b）所示。

[3] 选择【绘图】/【倒圆角】，系统会弹出如图 2-70 所示的【圆角】操作栏。

图 2-70 【圆角】操作栏

[4] 输入半径为 "2.0"，选中【修剪】按钮，然后依次选择线段 1、2 及 1、4，单击【确定】按钮，完成倒圆角绘制，结果如图 2-68（c）所示。

[5] 选择【绘图】/【倒角】，系统会弹出如图 2-71 所示【倒角】操作栏。

图 2-71 【倒角】操作栏

[6] 在工具栏中选择【类型】为 "单一距离"，输入【距离1】为 "2.0"，选中【修剪】按钮，然后依次选择线段 2、3 及 3、4，单击【确定】按钮，完成倒角绘制，结果如图 2-68（d）所示。

2.2.10 实例 绘制文字练习

绘制如图 2-72 所示的文字，已知文字为仿宋体，字高为 "20.0"。

设计步骤

[1] 选择【绘图】/【绘制文字】，系统会弹出如图 2-72 左侧所示的【绘制文字】对话框。

图 2-72 【绘制文字】对话框

[2] 单击【真实字型】按钮，然后选择字体为仿宋体，单击【确定】按钮。

[3] 选择【文字对齐方式】为"水平"，设置高度为"20.0"，然后在【文字内容】窗口中输入所需绘制文字。

[4] 单击【确定】按钮☑，关闭对话框，然后用鼠标确定文字位置即可。

📖 提示：绘制文字命令创建的文字是由直线、圆弧等组成的图形，可用于生成刀具路径，和图形标注创建的文字性质是完全不同的。

2.3 二维图形综合实例

绘制如图 2-73 所示的平面图形。

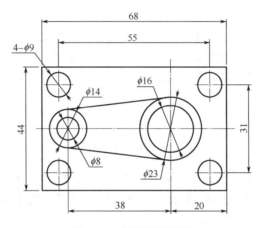

图 2-73　绘制平面图形

🔧 **设计步骤**

[1] 首先将右下角【状态栏】中的线型设置为"点画线"，线宽设置为"默认（最窄）"，如图 2-74 所示。

图 2-74　设置线型和线宽

[2] 选择【绘图】/【绘线】/【绘制任意线】，按照图 2-80（a）来绘制长度为"72.0"的中心线。

[3] 将右下角【状态栏】中的线型设置为"实线"，线宽设置适当加粗，然后选择【绘图】/【矩形】，系统弹出【矩形】操作栏，如图 2-75 所示。设置矩形长度为"68.0"，宽度为"44.0"，单击【设置基准点为中心点】按钮，然后捕捉中心线的中点为中心点，即可绘制出矩形，如图 2-80（b）所示。

图 2-75　【矩形】操作栏

[4] 按照点画线设置线型和线宽，选择【绘图】/【绘线】/【绘制平行线】，系统弹出【平行线】操作栏，如图 2-76 所示。在工具条中输入距离为"20.0"，选择矩形右边的边线，然后在矩形内部任取一点作为平行线生成的方向，即可生成一条竖直中心线，

单击【应用】按钮➕；将距离改成"38.0"，重复上述工作，即可生成另一条中心线，单击【确定】按钮✓，结果如图 2-80（c）所示。

图 2-76 【平行线】操作栏

[5] 按照粗实线设置线型和线宽，选择【绘图】/【绘弧】/【已知圆心点画圆】，在弹出的【编辑圆心点】操作栏中，依次设置直径为"23.0"、"16.0"、"14.0"、"8.0"，捕捉各自圆心点绘制 4 个圆，单击【确定】按钮✓，结果如图 2-80（d）所示。

[6] 选择【绘图】/【绘线】/【绘制任意线】，系统弹出【直线】操作栏，单击【相切】按钮✎，如图 2-77 所示。然后，依次在切点的大概位置选择需要相切的两圆，绘制两条切线，如图 2-80（e）所示。

图 2-77 按下【相切】按钮

[7] 选择【绘图】/【绘弧】/【已知圆心点画圆】，在弹出的【编辑圆心点】操作栏中设置直径为"9.0"，捕捉矩形的右上角点作为圆心点，单击【确定】按钮✓，结果如图 2-80（f）所示。

[8] 选择【转换】/【平移】，选择刚绘制的小圆，然后单击【结束选择】按钮⬤，系统弹出【平移选项】对话框，如图 2-78 所示，选中【移动】方式，X、Y 值均设置为"–6.5"，其他参数保持默认状态，单击【确定】按钮✓，结果如图 2-80（g）所示。

[9] 按照点画线设置线型和线宽，选择【绘图】/【绘线】/【绘制任意线】，绘制小圆的中心线，具体步骤略，结果如图 2-80（h）所示。

[10] 选择【转换】/【镜像】，选择刚绘制的小圆和中心线，然后单击【结束选择】按钮⬤，系统弹出【镜射选项】对话框，如图 2-79 所示，选中【复制】方式及【选择线】方式，然后选中矩形的水平中心线，单击【确定】按钮✓，结果如图 2-80（i）所示。

图 2-78 【平移选项】对话框

图 2-79 【镜射选项】对话框

[11] 选择【转换】/【镜像】，选择右侧的两个小圆及其中心线，然后单击【结束选择】按钮，系统弹出【镜射选项】对话框，选中【复制】方式及【选择两点】方式，然后依次捕捉矩形水平边线的两中点，单击【确定】按钮，结果如图 2-80（j）所示。

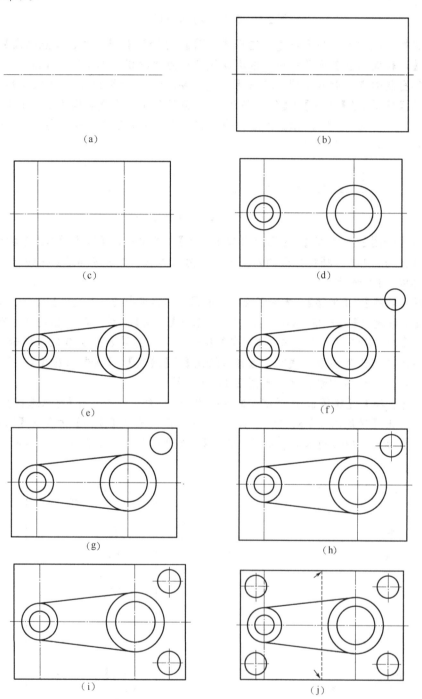

图 2-80　绘制过程

[12] 选择【编辑】/【修剪/打断】/【修剪/打断/延伸】命令，对中心线进行适当修剪，最

终结果如图 2-73 所示。

📖 说明：平移、镜像、修剪等命令的具体用法见第 3 章。

2.4 课后练习

（1）Mastercam X6 提供了哪些用于二维基本图形绘制的工具及命令？

（2）绘制点的实用方法有哪些？如何绘制小圆心点？

（3）椭圆的主要参数包括哪些？在 Mastercam X6 中如何绘制一个完整的椭圆和一段指定参数的椭圆？请上机操作。

（4）绘制如图 2-81 所示的平面图形。

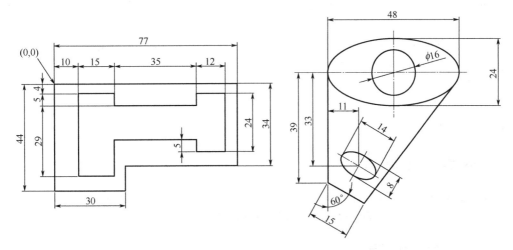

图 2-81　平面图形

第 3 章 二维图形编辑

在绘制一个完整的二维图形时，除了利用绘图命令绘制各种图素以外，还要使用各种编辑转换命令对图形进行修改完善。这一部分工作往往是绘制二维图形中工作量最大的一部分，Mastercam X6 提供了比较完善的编辑修改命令，通过这些命令可以最终准确快速地完成所需的二维图形绘制。

本章介绍 Mastercam X6 中常用的二维图形编辑修改命令的使用方法和技巧，为后面的图形编辑和三维模型的创建打下基础。

【学习要点】
- 图形的编辑。
- 图形的转换。

3.1 基本命令简介

Mastercam X6 中二维图形的编辑修改命令主要包括删除和还原、对象修整和对象转换等几类，本节简单介绍一下这些命令的基本用法及相关知识。

3.1.1 删除和还原

删除和还原命令是所有绘图软件中使用最频繁的编辑命令之一。删除和还原命令在 Mastercam X6 中所处的下拉菜单和图标命令如图 3-1 所示。

图 3-1 删除和还原命令

1. 删除

选择【编辑】/【删除】/【删除图素】，或者单击【删除图素】图标 ✐，然后依次选取需要删除的图素，选择完成后，单击【结束选择】图标 ⬭，即可完成删除任务。

📖 提示：也可以先依次选择需要删除的图素，然后单击【删除图素】图标✏️，同样可以完成删除任务。

2. 删除重复图素

删除重复图素命令是 Mastercam 比较有特色的一个命令，主要用于删除多余而操作者又不易发现的一些重复图素。

选择【编辑】/【删除】/【删除重复图素】，或者单击【删除重复图素】图标✏️，系统会弹出【删除重复图素】对话框，如图 3-2 所示，单击【确定】按钮 ✓ 即可完成操作。

【删除重复图素】高级选项主要用于某些特殊要求，例如，定义重复图素时，除了坐标值以外，还包括颜色、线型、层别、线宽、点型等，多数情况下无须设置，如图 3-3 所示。

图 3-2 【删除重复图素】对话框

图 3-3 【删除重复图素】高级选项

3. 还原图素

对于误删了不该删除的图素，就可以用该命令来将已删除的图素还原。

（1）✏️（恢复删除）：每单击一次，系统恢复最近一次被删除的图素。

（2）✏️（恢复删除指定数量的图素）：单击后会弹出如图 3-4 所示对话框，可以用来设定需要恢复删除的次数。

（3）✏️（恢复删除限定的图素）：单击后会弹出如图 3-5 所示对话框，在里面设定要还原图素的属性，即可将符合设定属性的图素还原（即按照属性而不是次数来还原已删除图素）。

图 3-4 设定还原次数

图 3-5 设定还原图素的属性

3.1.2 对象修整

对象修整命令就是对已有的图素进行长度、形状或法向等方面的调整。常用的对象修整命令有修剪、延伸、打断、分割、连接和分解等，对象修整的相关菜单如图3-6所示。

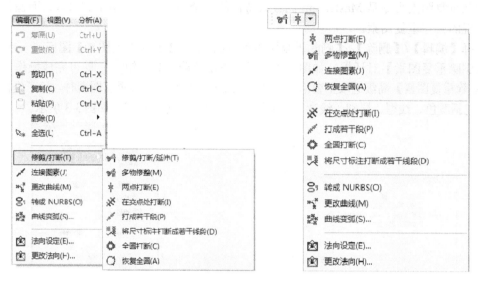

图3-6 对象修整的相关菜单

1. 修剪/打断

1）修剪/打断/延伸

选择【编辑】/【修剪/打断】/【修剪/打断/延伸】，系统会弹出【修剪/打断/延伸】操作栏，如图3-7所示。此时根据系统提示，选择修剪或延伸图素需要保留的部分，然后选择修剪或延伸的边界即可。

图3-7 【修剪/打断/延伸】操作栏

操作栏中各按钮含义如下。

（1）▥（修剪一物体）：修剪或延伸单个图素。

（2）▥（修剪二物体）：同时修剪或延伸相交的两个图素。

（3）▥（修剪三物体）：同时修剪或延伸相交的3个图素。

（4）▥（打断和删除）：将一图素在另两图素间的部分删除。

（5）▨（修剪至点）：将图素在指定点处剪切或者延伸到指定点。

（6）▥（延伸长度）：将图素按指定长度延伸。

（7）▥（修剪）：删除被修剪部分，将延伸部分和原图素合并。

（8）▥（打断）：将一图素断开为两图素，延伸的图素和原图素不合并。

2）多物修整

选择【编辑】/【修剪/打断】/【多物修整】，即可弹出【多物体修剪】操作栏，如图3-8所示。多物修整命令可以同时修剪或者延伸具有公共边界的一组图素，首先选择要修剪或者延伸的多个图素，单击【结束选择】按钮▥，然后选择边界图素，最后指定要保留的一侧即可，如图3-9所示。

图 3-8 【多物体修剪】操作栏

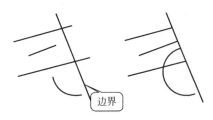

图 3-9 多物修整

3）在交点处打断

在交点处打断命令的作用是将多个相交的图素在所有交点处全部打断，从而产生多个以交点为分界的图素。

4）打成若干段

选择【编辑】/【修剪/打断】/【打成若干段】，系统会提示选择图素，选择完成后单击【结束选择】按钮 ，系统会弹出【打断成若干段】操作栏，如图 3-10 所示。此时可以设置距离、分段数、公差等参数以打断图素。

图 3-10 【打断成若干段】操作栏

操作栏中各按钮的含义如下。

（1） （指定距离）：根据距离输入框中指定的距离生成若干个新图素。

（2） （相等距离）：生成等长度的若干个新图素。

（3） （数量）：按指定数量生成若干个新图素。

（4） （距离）：从离选取点较近的一端起按指定距离生成若干个新图素。

（5） （公差）：系统根据用户选定的圆弧或样条曲线按指定弦高公差生成若干个新图素。公差越小，生成的新图素越贴近原图素，数量也相应较多。

（6） （曲线）：生成的新图素为圆弧。若原图素为直线，则该按钮不起作用。

（7） （直线）：生成的新图素为直线段。

5）将尺寸标注打断成若干线段

将尺寸标注打断成若干线段命令类似于 AutoCAD 的分解命令，所不同的是，该命令只能作用于尺寸标注、注释文本、标签、引线和图案填充等复合图素，将这些图素进行分解以进一步编辑，常用于标注的修改。

6）打断全圆和恢复全圆

打断全圆命令用于将一个整圆按给定的分段数均匀分解成几部分；恢复全圆命令用于将任意圆弧变成一个整圆。

2．连接图素

连接图素命令的作用是将两图素连接成一个图素，但是该命令的使用具有一定局限性，只有两图素同时为直线而且共线、两圆弧同心同径、两样条曲线来自于同一样条曲线时才能连接成一个图素。

3．更改曲线

更改曲线命令只能作用于样条曲线，可以通过改变样条曲线控制点的位置来改变曲线的形状。

4．转成 NURBS

转成 NURBS 命令的作用是将直线、圆弧、曲线、曲面转换成样条曲线或者曲面，转换以后编辑该图素的形状时，操作参数和方式和以前是不同的。

5．曲线变弧

曲线变弧命令的作用是将圆弧状的样条曲线转换为圆弧，以使其参数发生变化。

3.1.3 对象转换

对象转换命令就是利用图形中的已有图素，通过移动、复制或连接方式生成新的图素。

（1）移动：在新位置生成新的图素，原图素被删除。

（2）复制：在新位置生成新的图素，原图素保持不变。

（3）连接：在新位置生成新的图素，原图素保持不变，同时系统自动创建直线段或圆弧线段来将新图素的各个端点分别与源图素的各个端点连接起来。

常用的对象转换命令有平移、3D 平移、镜像、旋转、比例缩放、单体补正、串联补正、投影和阵列等。

单击菜单栏中的【转换】，即可打开【转换】菜单，【转换】菜单及工具栏如图 3-11 所示。这一类命令主要用于改变几何对象的大小、位置、方向等。

图 3-11 【转换】菜单及工具栏

1．平移

选择【转换】/【平移】，或者单击图标命令 ，系统会提示"平移：选取图素去平移"，此时选择需要平移的图素，选择完成后单击【结束选择】按钮 ，系统会弹出【平移】对话框，如图 3-12 所示，可以在对话框中设置按"直角坐标增量"、"按起止点"或者"按极坐标增量" 3 种方式平移或者复制选定的图素。设置完成后，单击【确定】按钮 ，即可完成图素的平移操作。

2．3D 平移

3D 平移命令是将图素在不同的视图之间平移。选择【转换】/【3D 平移】，或者单击图标命令 ，系统会提示"平移：选取图素去平移"，此时选择需要平移的图素，选择完成后单击【结束选择】按钮 ，系统会弹出【3D 平移选项】对话框，如图 3-13 所示，可以在对话框中设置原视图、目标视图及两视图上的参考点来平移或者复制选定的图素。设置完成后，单击【确定】按钮 ，即可完成图素的 3D 平移操作。

图 3-12 【平移选项】对话框

图 3-13 【3D 平移选项】对话框

3．镜像

选择【转换】/【镜像】，或单击图标命令 ，系统会在绘图区提示"镜像：选取图素去镜像"，此时选择需镜像的图素，选择完成后单击【结束选择】按钮 ，系统会弹出【镜射选项】对话框，如图 3-14 所示。可以在对话框中设置好镜像轴的方式及是否保留原图素（移动或复制）。指定镜像轴线，然后单击【确定】按钮 ，即可完成图素的镜像操作。

（1） Y 5.0 ：以水平线为镜像轴，设置该线的 Y 坐标值。

（2） X 10.0 ：以竖直线为镜像轴，设置该线的 X 坐标值。

（3） A 45.0 ：以倾斜线为镜像轴，设置该线的角度。

（4） ：选择一直线为镜像轴。

（5） ：选择两点作为镜像轴。

4．旋转

选择【转换】/【旋转】，或者单击图标命令 ，系统会在绘图区提示"旋转：选取图素去旋转"，此时选择需旋转的图素，选择完成后单击【结束选择】按钮 ，系统会弹出【旋转选项】对话框，如图 3-15 所示。旋转命令既可以完成单个图素的旋转也可以完成旋转阵列的操作，在旋转阵列操作中，可以设置是否让所有生成图素绕自身中心旋转，也可以选择删除一部分阵列生成的图素。设置完成后，单击【确定】按钮 ，即可完成图素的平移操作。

旋转命令常见形式如图 3-16 所示。

图 3-14 【镜射选项】对话框

图 3-15 【旋转选项】对话框

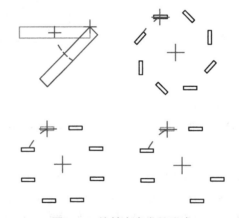

图 3-16 旋转命令常见形式

5. 比例缩放

比例缩放命令用于以构图坐标系原点（默认）或用户指定点为参考点，按照用户指定的次数和比例因子将选定图素放大或缩小相应尺寸进行移动、复制或连接，生成新图素。

选择【转换】/【比例缩放】，或者单击图标命令 $\boxed{}$，系统会在绘图区提示"比例：选取图素去缩放"，此时选择需缩放的图素，选择完成后单击【结束选择】按钮 $\boxed{}$，系统会弹出【比例缩放】对话框，如图 3-17 所示。设置相关参数后，单击【确定】按钮 $\boxed{\checkmark}$，即可完成图素的比例缩放操作。

比例缩放命令既可以完成图素的等比例缩放，也可以完成沿 X、Y、Z 不同比例的缩放。

6. 单体补正

单体补正命令也称为偏移，用于将所选择的几何图形对象按照给定的方法移动或复制一定的距离，且移动或复制的对象和原图形对象保持平行。

选择【转换】/【单体补正】，也可以单击图标命令 ⊩⊩，即可进行相应操作，【补正】对话框如图 3-18 所示。

图 3-17 【比例】对话框

图 3-18 【补正】对话框

📖 提示：在对圆、圆弧对象向内进行单体补正时，总的补正距离不能大于图形尺寸，否则将提示不能补正。

7. 串连补正

串连补正命令用于将选择的几何图形对象按照给定的方向串连偏移一定的距离。

选择【转换】/【串连补正】，或者单击图标命令 ⤴，即可进行相应操作，串连补正的对话框如图 3-19 所示。

8. 投影

投影命令是将原有的曲线以指定的距离投影到指定的平面或曲面上。投影命令可以提供多种不同的投影方式。

选择【转换】/【投影】，或者单击图标命令 ⊥，系统会在绘图区提示"选取图素去投影"，此时选择需投影的图素，选择完成后单击【结束选择】按钮 ◉，系统会弹出【投影】对话框，如图 3-20 所示。投影面可以选择【构图面】、【平面】或者【曲面】，选择【构图面】要设置投影距离，选择【平面】要设置如图 3-21 所示的【平面选择】对话框，选择【曲面】要设置如图 3-20 所示的曲面参数。

9. 阵列

阵列命令是在复制的数量、距离、角度、方向等参数设定后，按照行列的方式进行实体的线性复制。

选择【转换】/【阵列】，或者单击图标命令 ▦，根据系统提示选择需阵列的图素，选择完成后单击【结束选择】按钮 ◉，系统会弹出【阵列选项】对话框，将对话框中参数根据需要进行设定即可。【阵列选项】对话框及示例如图 3-22 所示。

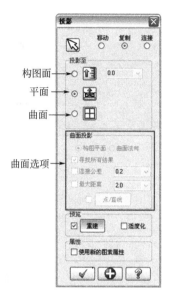

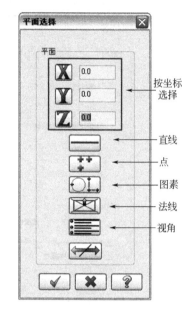

图 3-19 【串连补正】对话框　　图 3-20 【投影】对话框　　图 3-21 【平面选择】对话框

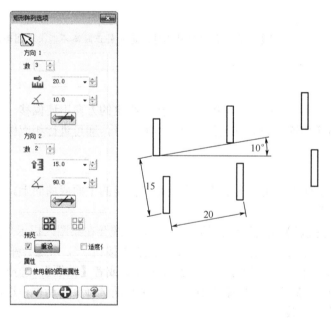

图 3-22 【阵列选项】对话框及示例

📖 提示：MastercamX6 中的阵列命令实际就是通常所称的矩形阵列，而圆周阵列要使用旋转命令来完成。

10. 缠绕

缠绕命令的作用是将二维图素缠绕在圆柱面上或者从圆柱面上展开。

选择【转换】/【缠绕】，或者单击图标命令 ∘◄，根据系统提示设置好【串连选项】及选择需缠绕的图素，选择完成后单击【串连选项】中的确定按钮 ✓ ，系统会弹出【缠绕选项】对话框，将对话框中参数根据需要进行设定即可。【缠绕选项】对话框及示例如图 3-23 所示。

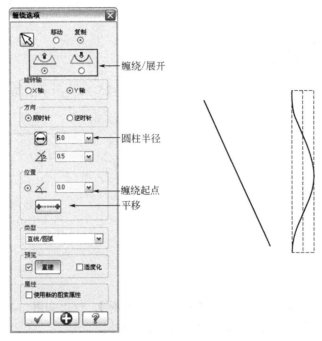

图 3-23 【缠绕选项】对话框及图例

11．拖拽

拖拽命令是指将指定的图素以指定的基点通过鼠标的方式拖拽到指定的位置，包括移动、复制和旋转。由于可以动态平移或旋转选定图素，所以直观性比较好。

选择【转换】/【拖拽】，或者单击图标命令 △，系统会弹出【动态平移】操作栏，如图 3-24 所示。在绘图区提示"选择要拖拽的图素"，此时选择需拖拽的图素，选择完成后单击【结束选择】按钮 ，在操作栏中设定所需的拖拽方式，然后根据提示操作即可。

图 3-24 【动态平移】操作栏

操作栏中各按钮含义如下。

（1） ：重新选择对象。

（2） ：单一操作。

（3） ：重复操作。

（4） ：移动方式。

（5） ：复制方式。

（6） ：排列方式。

（7） ：平移方式。

（8） ：旋转方式。

📖 提示：Mastercam X6 中的拖拽命令与 AutoCAD 中的移动和复制操作方法类似，就是执行拖拽命令后，先选择对象，再指定起点，然后指定目标点即可完成移动或复制。

3.2 二维图形编辑实例

本节我们以数个简单的实例，来介绍一下前面讲述的基本二维图形编辑修改命令的具体使用步骤及注意事项。

3.2.1 实例 修剪直角

如图 3-25 所示，将图 3-25（a）的图线修剪为图 3-25（c）所示的结果。

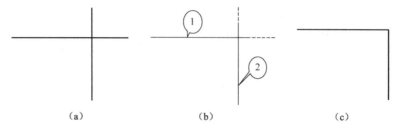

（a）　　　　　　　　　（b）　　　　　　　　　（c）

图 3-25 修剪简单图形

操作步骤

[1] 选择【编辑】/【修剪/打断】/【修剪/打断/延伸】，弹出如图 3-26 所示的【修剪/打断/延伸】工具栏，选中，【修剪二物体】按钮 ⊞。

图 3-26 【修剪/打断/延伸】工具栏

[2] 此时在绘图区提示"选择图素去修剪或延伸"，在 1 点处单击选择。

[3] 此时在绘图区提示"选取修剪或延伸到的图案"，在 2 点处单击选择，如图 3-25（b）所示。

[4] 单击工具栏中的【确定】按钮 ✓ ，结果如图 3-25（c）所示。

📖 提示：MastercamX6 的修剪命令，在默认情况下选择图素时，是选择需保留的部分而不是需剪掉的部分，这一点和其他绘图软件不同，读者要加以注意。

3.2.2 实例 修剪五角星

如图 3-27 所示，将图 3-27（a）的图形修剪成图 3-27（c）所示的图形。

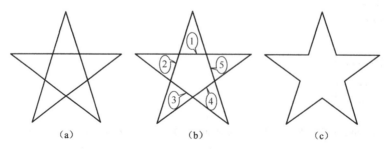

（a）　　　　　　　　　（b）　　　　　　　　　（c）

图 3-27 修剪简单图形

操作步骤

[1] 选择【编辑】/【修剪/打断】/【修剪/打断/延伸】,弹出如图 3-28 所示的【修剪/打断/延伸】操作栏,选中【分割物体】

图 3-28 【修剪/打断/延伸】操作栏

[2] 此时,依次在绘图区的 1、2、3、4、5 点处单击,如图 3-27(b)所示。

[3] 单击操作栏中的【确定】按钮 ✔ ,结果如图 3-27(c)所示。

3.2.3 实例 修改样条线

将图 3-29(a)所示的样条曲线修改成图 3-29(d)所示的图形。

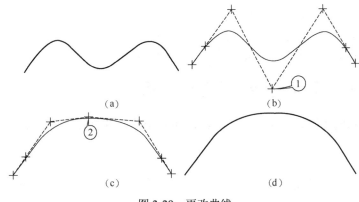

(a)　　　　　　　　(b)

(c)　　　　　　　　(d)

图 3-29 更改曲线

操作步骤

[1] 选择【编辑】/【更改曲线】,此时在绘图区显示"选取一条曲线或曲面"。

[2] 选择需修改的样条曲线以后,该曲线会显示出其控制的多边形,如图 3-29(b)所示。

[3] 此时系统提示"选取一个控制点,按 Enter 键结束",选择 1 点,按住鼠标左键向上拖动,其控制的多边形也会跟着改变,如图 3-29(c)所示。

[4] 将 1 点拖动到 2 点位置后,松开鼠标,按 Enter 键确认,结果如图 3-29(d)所示。

3.2.4 实例 复制多个图形

将图 3-30 所示的螺钉沿着 1、2 点的方向和距离复制两个。

操作步骤

[1] 选择【转换】/【平移】,此时在绘图区显示"平移:选取图素去平移"。

[2] 框选需复制的图形,选择完成后单击【结束选择】按钮 。

[3] 此时系统弹出如图 3-31 所示的【平移选项】对话框,选择【复制】方式,【次数】设置为"2",然后单击图标 。

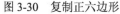

图 3-30　复制正六边形　　　　　　　　　图 3-31　【平移选项】对话框

[4]　系统提示"选取平移起点"，此时选择 1 点。

[5]　系统提示"选取平移终点"，此时选择 2 点。

[6]　单击对话框中的【确定】按钮 ✓ ，结果如图 3-30 所示。

3.2.5　实例　利用旋转命令画均布圆

将图 3-32 所示的小圆以大圆圆心为中心均布 6 个圆，并删除最下面 1 个小圆。

🏆 操作步骤

[1]　选择【转换】/【旋转】，此时在绘图区显示"旋转：选取图素去旋转"。

[2]　选择小圆，选择完成后单击【结束选择】按钮 ⬛ 。

[3]　此时系统弹出如图 3-33 所示的【旋转选项】对话框，选择【复制】方式，设置【次数】为"6"，选择【整体旋转角度】，设置【角度】为"360.0"。

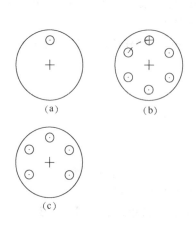

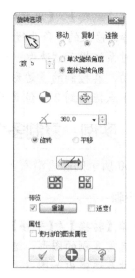

图 3-32　旋转命令画均布圆　　　　　　　图 3-33　【旋转选项】对话框

[4] 单击【设置旋转中心点】按钮⊕，然后在绘图区选择大圆的圆心，此时图形如图 3-32（b）所示。

[5] 单击【移动项目】按钮▦，然后在绘图区选择最下面小圆，选择完成后单击【确定】按钮☑️，结果如图 3-32（c）所示。

3.2.6　实例　比例缩放五角星

将图 3-34（a）所示的图形以圆心为中心复制放大 1.2 倍。

操作步骤

[1] 选择【转换】/【比例缩放】，框选需缩放图素，选择完成后单击【结束选择】按钮⬤。

[2] 系统弹出【比例缩放选项】对话框，选中【复制】方式，单击【定义缩放控制点】按钮⊕，然后捕捉圆心为缩放中心。

[3] 选中【等比例】并将【比例因子】设置为"1.2"，如图 3-35 所示，单击【确定】按钮☑️，结果如图 3-34（b）所示。将图 3-34（a）所示的图形以圆心为中心沿高度方向放大 1.5 倍。

　　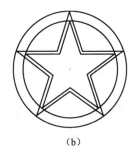　　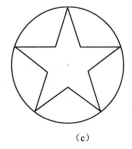

（a）　　　　　　　　　　（b）　　　　　　　　　　（c）

图 3-34　比例缩放五角星

[4] 选择【转换】/【比例缩放】，框选需缩放图素，选择完成后单击【结束选择】按钮⬤。

[5] 系统弹出【比例缩放选项】对话框，选中【移动】方式，单击【定义缩放控制点】按钮⊕，然后捕捉圆心为缩放中心。

[6] 选中【XYZ】，并将【Y】向比例因子设置为"1.5"，如图 3-36 所示，单击【确定】按钮☑️，结果如图 3-34（c）所示。

　　　　　　　　　　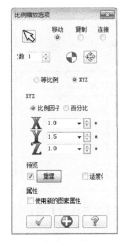

图 3-35　等比例缩放参数　　　　　图 3-36　不等比例缩放参数

3.2.7 五角星的串连补正

将图 3-37（a）所示的五角星分别以【转角方式】为"无"和"尖角"方式双向补正。

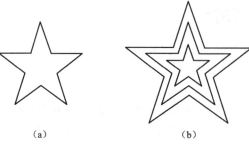

（a）　　　　　　　　　　　（b）　　　　　　　　　　　（c）

图 3-37　串连补正五角星

操作步骤

[1] 选择【转换】/【串连补正】，系统弹出【串连选项】对话框，选择串连方式，如图 3-38 所示，然后选择五角星任意一条边，选择完成后单击【确定】按钮。

[2] 系统弹出【串连补正选项】对话框，选择【复制】方式，选择适当的【补正距离】，转角方式设置为"无"，【补正方向】设置为"双向"，如图 3-39 所示，设置完成后单击【确定】按钮，结果如图 3-37（b）所示。

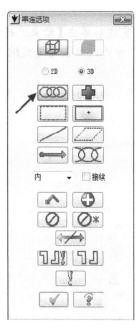

图 3-38 【串连选项】对话框　　　　　图 3-39 【串连补正选项】对话框

[3] 在上一步骤中如果将转角方式设置为"尖角"，则结果如图 3-37（c）所示。

3.2.8 实例 阵列和镜像命令练习

将图 3-40（a）中所示的椭圆先按照水平距离为"5.0"、垂直距离为"8.0"阵列，再以已知直线为镜像线进行镜像。

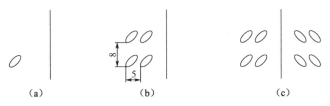

（a）　　　　　　　（b）　　　　　　　　　（c）

图 3-40 旋转命令画均布圆

操作步骤

[1] 选择【转换】/【阵列】，根据屏幕提示，选择已知椭圆，选择完成后单击【结束选择】按钮。

[2] 此时系统弹出如图 3-41 所示的【阵列选项】对话框，设置【方向 1】的【次数】为"2.0"、【距离】为"5.0"，设置【方向 2】的【次数】为"2.0"、【距离】为"8.0"。单击【确定】按钮，结果如图 3-40（b）所示。

[3] 选择【转换】/【镜像】，根据屏幕提示，选择左边 4 个椭圆，选择完成后单击【结束选择】按钮。

[4] 此时系统弹出如图 3-42 所示【镜射选项】对话框，在对话框中单击【选择线】按钮，然后选择已知的直线，选择完成后单击【确定】按钮，结果如图 3-40（c）所示。

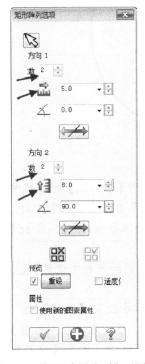

图 3-41 【矩形阵列选项】对话框　　　　　　图 3-42 【镜射选项】对话框

3.3 综合实例 绘制吊钩平面草图

设计过程

[1] 选择【绘图】/【绘线】/【绘制任意线】，利用该命令绘制中心线。

[2] 单击【分析图素属性】图标命令 ，分别选择绘制的图线，在弹出的【线的属性】对话框中设置好线的相应长度和线型，如图 3-44 所示。单击【确定】按钮 ，结果如图 3-47（a）所示。

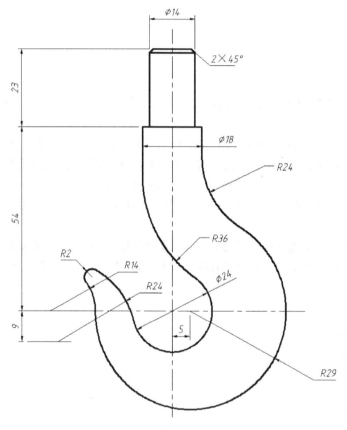

图 3-43　吊钩平面草图

[3] 选择【绘图】/【绘线】/【绘制平行线】，在弹出的【平行线】操作栏中设置【距离】为 "54.0"，然后选择水平的中心线，在该线上方单击一点以确定方向，单击【确定】按钮 。重复【绘制平行线】操作，选择新生成的水平线，将【距离】设置为 "23.0"，结果如图 3-47（b）所示。

[4] 选择【绘图】/【绘弧】/【已知圆心点画圆】，在弹出的操作栏中设置【直径】为 "24.0"，然后选择中心线交点为圆心画圆。

[5] 重复【已知圆心点画圆】命令，在弹出的操作栏中设置【半径】为 "29.0"。选择圆心时，选择如图 3-45 所示的【相对点】方式，然后在【相对位置】操作栏中，将【直角坐标】设置为 "5,0"，选择前一个圆的圆心，单击【确定】按钮 ，结果如图 3-47（c）所示。

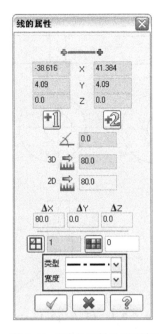

图 3-44 【线的属性】对话框

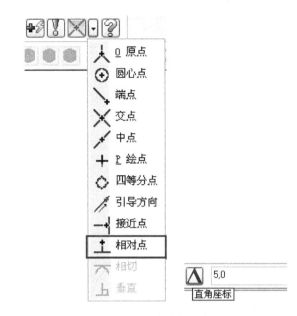

图 3-45 绘制中心线

[6] 选择【绘图】/【绘线】/【绘制任意线】，输入直线第一点的时候，选择【相对点】方式，然后在【相对位置】操作栏中，将【直角坐标】设置为"–7,0"，单击 1 点。选择第二点时，单击【垂直】选点方式按钮 ⬚，然后选择第二条水平线，结果如图 3-47（d）所示。

[7] 利用【绘制平行线】命令，以及重复上述命令绘制其余直线，结果如图 3-47（e）所示。

[8] 利用【修剪/打断/延伸】命令，修剪掉多余的图线，结果如图 3-47（f）所示。

[9] 选择【绘图】/【绘弧】/【切弧】，弹出如图 3-46 所示的【切弧】操作栏，单击【切二物体】按钮 ⬚，【半径】设置为"24.0"，然后依次选择相切的两图素，绘制出 $R24$ 圆弧。

[10] 重复上一步操作绘制出 $R36$ 圆弧，修剪掉多余图线，结果如图 3-47（g）所示。

图 3-46 【切弧】操作栏

[11] 选择【绘图】/【绘弧】/【已知圆心点画圆】，输入圆心时，选择【相对点】方式，然后在【相对位置】操作栏中，将【直角坐标】设置为"–14,0"，单击 2 点，然后再次单击 2 点以指明半径，结果如图 3-47（h）所示。

[12] 选择【绘图】/【绘线】/【绘制任意线】，输入第一点时，选择【相对点】方式，然后在【相对位置】操作栏中，将【直角坐标】设置为"0,–9"，然后绘制一条平行线；以 4 点为圆心，以"36.0"为半径绘制圆，适当修剪，得到一段圆弧和刚才的直线交于 5 点，如图 3-47（i）所示。

[13] 重复画圆命令，以 5 点为圆心画弧，使之与 $\phi 24$ 的圆相外切，适当修剪后，结果如图 3-47（i）所示。

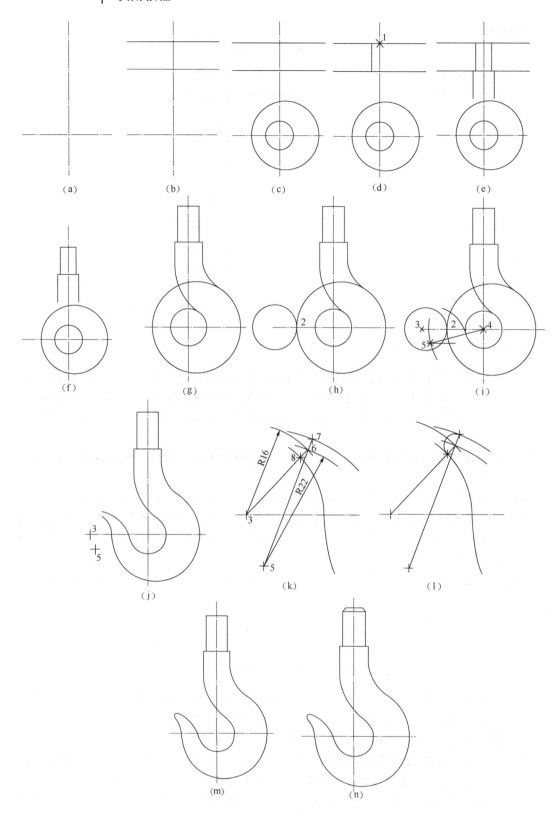

(a)　　　(b)　　　(c)　　　(d)　　　(e)

(f)　　　(g)　　　(h)　　　(i)

(j)　　　(k)　　　(l)

(m)　　　(n)

图 3-47　绘制任意线

[14] 利用修剪命令修剪掉多余线条，得到如图 3-47（j）所示的图形。

[15] 以 3 点为圆心,以 "16.0" 为半径画弧; 以 5 点为圆心,以 "22.0" 为半径画弧,
     两圆弧交于 6 点,连接 3、6 点得到交点 8,连接 5、6 点并延长,得到交点 7,如
     图 3-47 (k) 所示。

[16] 以 6 点为圆心,在 7、8 点之间画弧,如图 3-47 (l) 所示。

[17] 修剪掉多余图线,最终结果如图 3-47 (m) 所示。

[18] 选择【绘图】/【倒角】/【倒角】,在【倒角】操作栏中设置【类型】为【单一距离】。
     【距离 1】为 "2.0",【角度】为 "45.0",然后分别选择相应直线倒角。倒角完成后,
     绘制倒角直线,最终结果如图 3-47 (n) 所示。

📖 提示: 草图绘制前要利用 "画法几何" 中所学的平面图形尺寸分析,分析哪些是已知线段、中间
        线段和连接线段,然后按照 "先已知、再中间、最后连接" 的顺序画出。

3.4 课后习题

1. 思考题

(1) 倒角的方式有哪几种? 如何具体操作?

(2) 修剪的方式哪几种? 如何具体操作?

(3) 简述镜像和旋转的具体操作步骤。

(4) 简述复制、平移和补正的具体操作步骤。

2. 上机操作

绘制图 3-48 及图 3-49 所示的各平面图形。

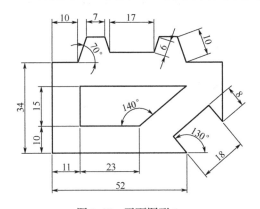

图 3-48　平面图形 1

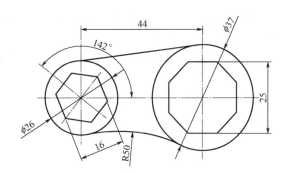

图 3-49　平面图形 2

第4章 图形标注及填充

图形本身只是表达了所需要表达的形状，而图形的大小、技术要求、注释等信息还要通过标注来完成，有时我们还要利用图案填充来表达剖切面等结构。

本章介绍 Mastercam X6 中常用的二维图形的尺寸标注、注释文字和剖面线的绘制方法。

【学习要点】

- 尺寸的标注。
- 文字注释的标注。
- 剖面线的绘制。

4.1 基本命令简介

本章的基本命令主要包括尺寸的设置及标注、文字注解、标注更新及图案填充等几部分，本节简单介绍基本用法。

4.1.1 尺寸标注

工程图样上标注的尺寸包括四要素：尺寸线、尺寸界线、尺寸文本、箭头，如图 4-1 所示。

Mastercam X6 中尺寸标注命令的菜单如图 4-2 和图 4-3 所示。

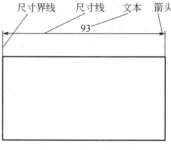

图 4-1 尺寸四要素

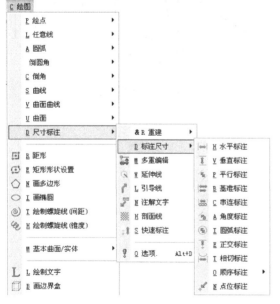

图 4-2 尺寸标注菜单

图 4-3 工具栏中的尺寸标注菜单

1．尺寸标注的设置

在进行尺寸标注之前，应该先根据国家标准要求进行设置，使标注出的尺寸尽可能符合国家标准的规定。

选择【绘图】/【尺寸标注】/【自定义选项】，系统会弹出如图4-4所示的选项卡。

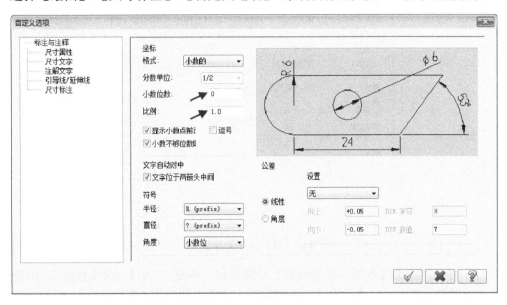

图4-4 【尺寸属性】选项卡

（1）在【尺寸属性】选项卡中设置好【小数位数】、【比例】，其他参数保持默认设置。

（2）在【尺寸文字】选项卡中设置好【字体高度】（根据图纸幅面），将【文字定位方式】设置为"与标注同向"，其他参数保持默认设置，如图4-5所示。

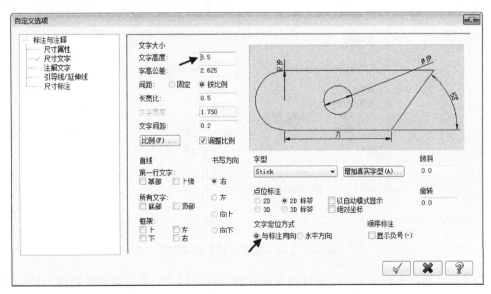

图4-5 【尺寸文字】选项卡

（3）【注解文字】选项卡和【尺寸文字】选项卡类似，如图4-6所示，用于设置注释文字的属性和对齐方式，该选项卡一般不用于尺寸标注，暂时保持默认设置。

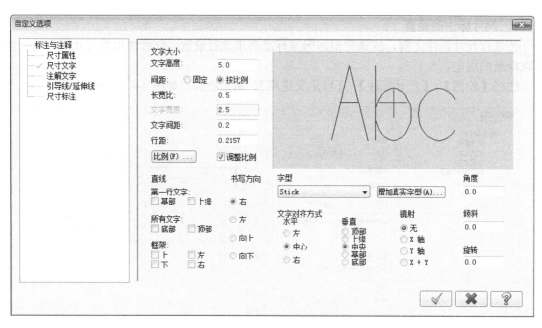

图4-6 【注解文字】选项卡

(4)【引导线/延伸线】选项卡用来设置尺寸线和尺寸界线,其中【间隙】设置为"0.0001",箭头的【线型】设置为"三角形",勾选"填充",其他参数如图4-7所示。

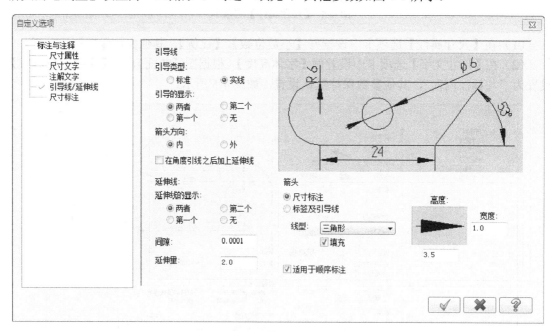

图4-7 【引导线/延伸线】选项卡

(5)【尺寸标注】选项卡中,主要用于设置标注与被标注对象之间的关联性、显示方式,以及标注和其他标注之间的增量关系,如图4-8所示,这里暂时全部使用默认设置。

📖 提示:Mastercam X6 中的尺寸标注无法完全按照我国的国家标准设置,以上设置是以线性尺寸为例,其他尺寸标注可以根据需要稍作调整。

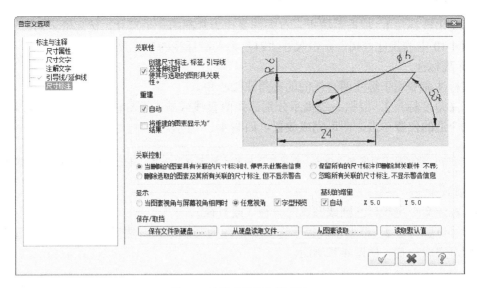

图 4-8 【尺寸标注】选项卡

2. 常见尺寸的标注

1）水平标注

水平标注命令用于标注两点间水平距离的线性尺寸。

选择【水平标注】，根据系统提示确定水平尺寸线的两个端点，然后拖动尺寸到合适的位置单击，即可确定尺寸文本的位置，完成水平尺寸标注，可重复操作，按 ESC 键结束水平标注，如图 4-9 中的尺寸"32"。

2）垂直标注

垂直标注命令用于标注两点间垂直距离的线性尺寸。

选择【垂直标注】，根据系统提示依次选择需要标注的两点，然后拖动尺寸到合适的位置单击，即可完成标注，按 ESC 键结束操作，如图 4-9 中的尺寸"24"。

3）平行标注

平行标注命令用于标注两点间平行的线性尺寸。

选择【平行标注】，根据系统提示依次选择需要标注的两点，然后拖动尺寸到合适的位置单击，即可完成标注，如图 4-9 中的尺寸"19"。

4）基准标注

基准标注命令用于标注并联尺寸，即以已标注的一个尺寸为基准来标注下一个尺寸。

选择【基准标注】，根据系统提示首先选择作为基准的一个尺寸，然后给定第二点的尺寸即可。例如，图 4-10 中的尺寸"53"是以尺寸"21"为基准标注的并联尺寸。

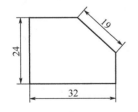

图 4-9　尺寸标注示例 1

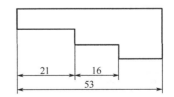

图 4-10　尺寸标注示例 2

5）串连标注

串连标注命令用于标注串连尺寸，即以已标注的一个尺寸为基准来串连标注下一个尺寸。

选择【串连标注】，根据系统提示首先选择作为基准的一个尺寸，然后给定第二点即可。例如，图 4-10 中的尺寸"16"是以尺寸"21"为基准标注的串连尺寸。

6）角度标注

角度标注命令用于标注两直线间的夹角或圆心角。

选择【角度标注】，根据系统提示分别选择两直线或单击要标注圆心角的圆弧，然后拖动尺寸到合适的位置单击，即可完成放置，如图 4-11 所示。

> 📖 提示：按照我国国家标准规定，角度尺寸的尺寸数字应水平写，要进行相应设置，这里不再叙述。

7）圆弧标注

圆弧标注命令用于标注圆或圆弧的半径（或直径）。

选择【圆弧标注】，根据系统提示选择要标注的圆或圆弧，然后拖动尺寸到合适的位置单击，即可完成放置，如图 4-12 所示。

图 4-11　角度标注示例

图 4-12　圆和圆弧标注示例

8）相切标注

相切标注命令用于标注圆或圆弧的象限点与点、直线的端点或其他圆弧的象限点之间的水平或垂直的距离，如图 4-13 所示的几个尺寸。

选择【相切标注】，根据系统提示依次选择要标注的圆或圆弧，然后拖动尺寸到合适的位置单击，即可完成放置。

9）顺序标注

顺序标注命令用于标注以一个点为基准，其他各给定点与该基准点的距离。【顺序标注】的方式比较多，其子菜单如图 4-14 所示。顺序标注示例如图 4-15 所示，使用的分别是【水平顺序标注】和【平行顺序标注】。

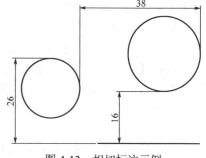

图 4-13　相切标注示例

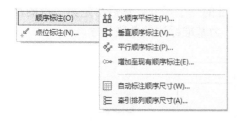

图 4-14　【顺序标注】子菜单

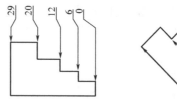

图 4-15　顺序标注示例

使用【自动标注顺序尺寸】方式时，系统会弹出如图 4-16 所示的对话框。该对话框内的【原点】用于设置基准点；【点】用来设置标注点的类型；【选项】用来设置标注的格式；【创建】用来设置标注的类型。设置完后可以自动生成顺序尺寸，如图 4-17

所示。

图 4-16 【顺序标注尺寸/自动标注】对话框

10）点位标注

点位标注命令用于标注指定点相对于原点的坐标值。

选择【点位标注】，根据系统提示选择要标注的图素上的点，然后拖动到合适的位置单击，即可完成放置，【点位标注】示例如图 4-18 所示。

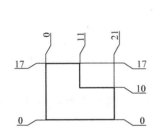

图 4-17 【自动标注顺序尺寸】示例

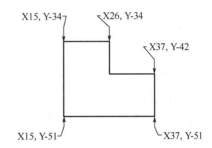

图 4-18 【点位标注】示例

11）快速标注

快速标注命令是一种智能标注方法，可以根据所选图素智能地生成尺寸，还可以用来编辑修改已标注的尺寸。

选择【绘图】/【尺寸标注】/【快速标注】，系统会弹出如图 4-19 所示的【快速标注】操作栏，可以根据需要进行设定（一般情况下保持默认即可），然后即可进行标注。

图 4-19 【快速标注】操作栏

12）多重编辑

多重编辑命令的作用是编辑修改已标注的尺寸。

选择【绘图】/【尺寸标注】/【多重编辑】，选择要编辑修改的尺寸，然后单击【结束选择】按钮，即可弹出【尺寸标注设置】对话框进行编辑修改。

4.1.2 文字注释

绘制工程图样时，经常要用文字的方式加以说明。例如，对于某些技术要求，通过注解文字命令就能完成这类功能说明。

1．注解文字

选择【绘图】/【尺寸标注】/【注解文字】，系统会弹出如图4-20所示的【注解文字】对话框，输入需要标注的文字，设置好参数，即可指定位置来放置文字。

图形注释的输入有如下3种方式。

（1）直接输入：在注释内容文本框中直接输入需要的文字。

（2）载入文字：单击【加载文件】按钮，选择一个文本文件，即可将文件中的文字载入注释内容文本框中。

（3）添加符号：单击【增加符号】按钮，打开一个对话框，在对话框中选择需要的符号，即可添加符号到注释内容文本框中。

2．延伸线

延伸线指的是在注释文字和所注图素之间的一条直线，也就是通常所说的指引线。

选择【绘图】/【尺寸标注】/【延伸线】，然后分别指定延伸线的起始点和终点，按 ESC 键即可退出。延伸线及引导线示例如图4-21所示。

> 📖 提示：延伸线的起始点要靠近被标注图素，终点应靠近注解文字。

3．引导线

引导线和延伸线类似，一般都是在文字注释时做引用的，不同之处是引导线带指引箭头并且可以画成折线。

选择【绘图】/【尺寸标注】/【引导线】，然后分别指定引导线的起始点和终点，按 ESC 键即可退出。

图4-20 【注解文字】对话框

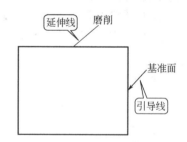

图4-21 延伸线及引导线示例

4.1.3 图案填充

用户经常要重复绘制一些图案以填充图形中的某个区域，以此表达该区域的特征。这样的操作就是图案填充。在机械工程图中，图案填充用于一个剖切的区域，而且不同的图案填充表达不同的零部件或者材料。

选择【绘图】/【尺寸标注】/【剖面线】，系统会弹出如图4-22所示的【剖面线】对话框，选择所需的图样类型，并可以编辑【间距】、【角度】参数。如果系统自带的图样没有满足要求，可以单击【用户定义的剖面线图样】按钮，系统会弹出【自定义剖面线图样】对话框进行设置，如图 4-23 所示。选择或设置好填充图样后，单击【确定】按钮 ，然后选择需要图案填充的外边界，如果还有内边界等其他边界，依次选取，即可完成图案填充。

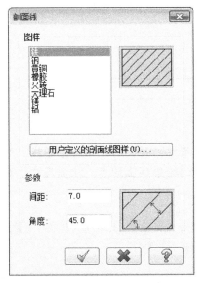

图 4-22 【剖面线】对话框

图 4-23 【自定义剖面线图样】对话框

4.2 标注及填充实例

本节我们以几个循序渐进的实例来进一步讲解前面所介绍的二维图形的尺寸标注及图案填充的具体用法。

4.2.1 实例 标注轴的线性尺寸

如图 4-24 所示，标注轴零件的轴向尺寸。

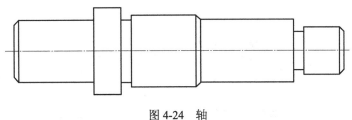

图 4-24 轴

操作步骤

[1] 选择【绘图】/【尺寸标注】/【选项】，在弹出的【尺寸标注设置】对话框中，根据前面所讲的方式设置好尺寸数字、尺寸线、尺寸界线、尺寸箭头等。

[2] 选择【尺寸标注】中的【水平标注】命令，依次给出零件轮廓线最左端和最右端的端点，标注出零件总长"142"，用同样的方式注出"34"、"96"，如图 4-25 所示。

📖 提示：标注尺寸应该大尺寸在外、小尺寸在内，所以标注上述尺寸时应该给其他尺寸留出空间。

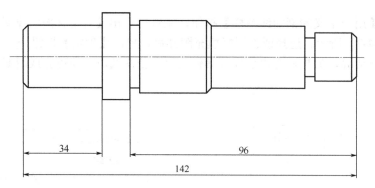

图 4-25　线性尺寸标注第一步

[3]　选择【尺寸标注】中的【基准标注】命令，选择尺寸"96"的左侧尺寸界线，然后依次单击尺寸"74"和"34"的右侧端点相对应的轮廓线上的点，注出尺寸"74"和"34"，结果如图 4-26 所示。

　　提示：在标注这两个尺寸之前，应保证在【尺寸标注设置】对话框中，已经将【基线的增量】进行了如图 4-27 所示的设置（保证 Y 值为负数，并且增量大于字高）。

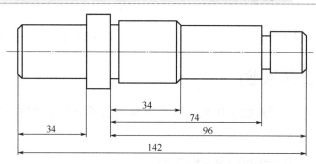

图 4-26　线性尺寸标注第二步

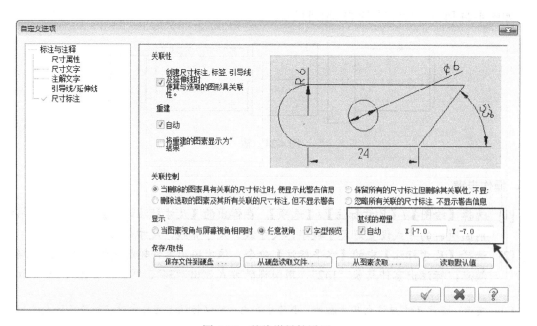

图 4-27　基线增量的设置

4.2.2 实例 标注轴直径尺寸及工艺尺寸

如图 4-24 所示，标注轴零件的直径尺寸及工艺尺寸。

操作步骤

[1] 选择【尺寸标注】中的【垂直标注】命令，依次给定尺寸 $\phi 26$ 所对应的两个端点，注意在拖动数字放置时，按键盘上的 D 键，此时就会在 "26" 之前显示直径符号 "ϕ"，如图 4-28 所示。

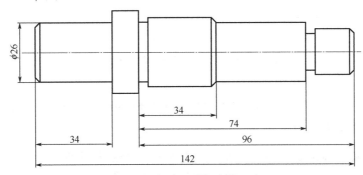

图 4-28 径向尺寸标注第一步

[2] 用相同的方法标注出其他直径尺寸，如图 4-29 所示。

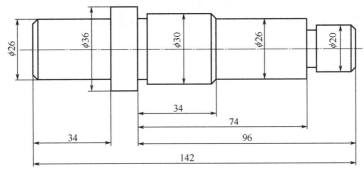

图 4-29 径向尺寸标注第二步

[3] 选择【尺寸标注】中的【延伸线】命令，绘制轴上倒角标注的延伸线；选择【尺寸标注】中的【注解文字】命令，在弹出的【注解文字】对话框中填入 "C2"，选择【单一注解】方式，单击【确定】按钮，如图 4-30 所示，在倒角延伸线上指定一点放置注释文字，结果如图 4-31 所示。

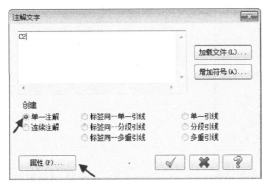

图 4-30 【注解文字】对话框

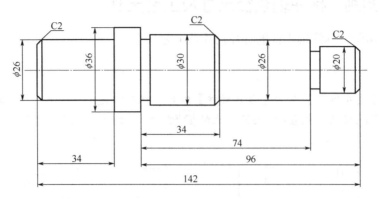

图 4-31　径向尺寸标注第三步

📖 提示：在【注解文字】对话框中可以通过单击【属性】按钮，重新设置文字的相关参数，方式和前面尺寸参数设置时相同。

[4] 选择【尺寸标注】中的【水平标注】命令，分别标注退刀槽的轴向尺寸；选择其中的一个退刀槽尺寸，单击【分析图素属性】图标命令 ⍰，系统弹出【线性标注属性】对话框，如图 4-32 所示，在对话框中，单击【编辑文字】按钮 |←123→|，系统弹出【编辑尺寸标注的文字】对话框，将文字内容改为"4×2"，如图 4-33 所示，单击【确定】按钮 ✓ 。用同样的方式编辑修改另一个退刀槽的尺寸，最终结果如图 4-34 所示。

图 4-32　【线性标注属性】对话框

图 4-33　【编辑尺寸标注的文字】对话框

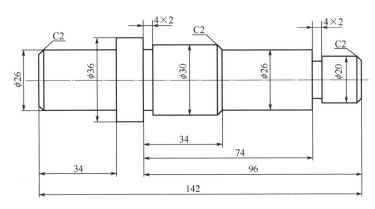

图 4-34　尺寸标注完成

4.2.3　实例　回转法兰盘剖切面图案填充

将图 4-35 所示的回转法兰盘主视图进行图案填充。

操作步骤

[1]　选择【编辑】/【修剪/打断】/【在交点处打断】，根据提示框选主视图所有的轮廓线，然后按 Enter 键结束，即可将主视图在所有交点处打断。

📖　提示：Mastercam X6 的图案填充，在选择需填充的区域时，要求所有交点必须是断开的，否则不能正确进行图案填充。

[2]　选择【尺寸标注】中的【剖面线】命令，系统弹出【剖面线】对话框，如图 4-37 所示。选择合适的图样，设置好【间距】、【角度】，单击【确定】按钮 ✔ 。

[3]　系统弹出【串连选项】对话框，选中图 4-38 中箭头所示选项，然后依次选择图 4-36 中加粗的一个封闭轮廓的边线，单击【确定】按钮 ✔ 。

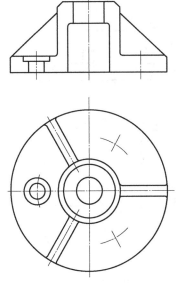

图 4-35　回转法兰

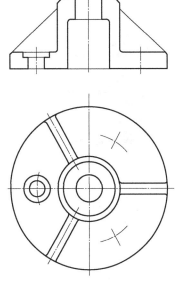

图 4-36　选择填充区域

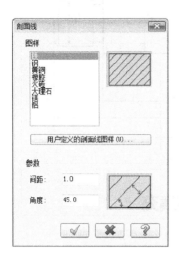

图 4-37 【剖面线】对话框

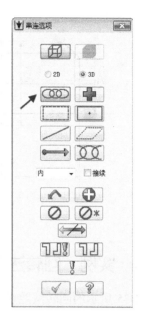

图 4-38 【串连选项】对话框

📖 提示: 如要修改【串连选项】的串连方式, 可以单击【选项】按钮 , 系统会弹出对话框, 如图 4-39 所示, 可以设置串连选项的相关参数。

[4] 重复第 3 步的操作, 选择上面需要图案填充的封闭区域, 最终结果如图 4-40 所示。

📖 提示: 选择图案填充区域时, 也可以使用【串连选项】对话框中的【区域方式】按钮 来选择所需填充的区域。

图 4-39 【串连选项】子对话框

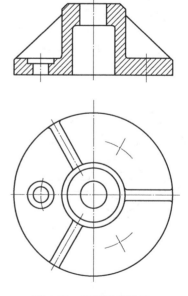

图 4-40 图案填充结果

4.3 综合应用实例

本节我们以几个相对完整的实例来进一步综合讲解前面所介绍的二维图形的尺寸标注及图案填充的具体用法。

4.3.1 实例 标注端盖的尺寸并编辑修改

如图 4-41 所示，标注端盖的尺寸，并对尺寸位置进行调整。

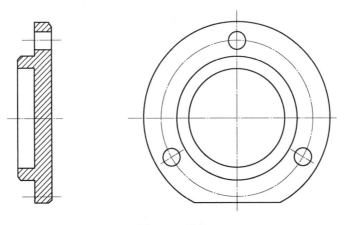

图 4-41 端盖

操作步骤

[1] 选择【绘图】/【尺寸标注】/【选项】，根据图幅和图形的大小设置尺寸的四要素。选择【尺寸标注】中的【水平标注】命令，依次标注主视图中的轴向尺寸"10"、"5"、"5"，如图 4-42 所示。

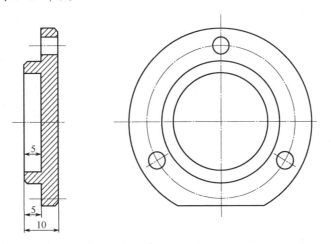

图 4-42 标注尺寸步骤一

[2] 选择【尺寸标注】中的【垂直标注】命令，依次标注主视图中的直径尺寸"$\phi 8$"、"$\phi 35$"。注意在非圆视图上标注直径时，要在尺寸定位时按键盘上的 $\boxed{\text{D}}$ 键，以使尺寸数字前加上直径符号"ϕ"，结果如图 4-43 所示。

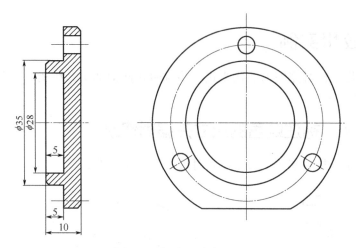

图 4-43　标注尺寸步骤二

[3]　选择【尺寸标注】中的【圆弧标注】命令，选择左视图中的最大圆，在弹出的【尺寸标注】操作栏中选中【直径】按钮，如图 4-44 所示。拖动尺寸到合适的位置，单击【退出】按钮，完成大圆直径的标注。

图 4-44　【尺寸标注】操作栏

[4]　利用类似的方法标注出左视图中心线圆、小圆直径及一个垂直线性尺寸，注意小圆的直径尺寸数值要修改成"3-ϕ"的形式（可结合【注解文字】命令），结果如图 4-45 所示。

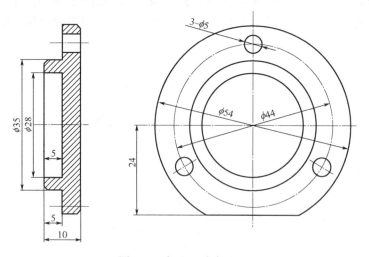

图 4-45　标注尺寸步骤三

[5]　利用【延伸线】命令和【注解文字】命令标注出主视图中倒角的尺寸，结果如图 4-46 所示。

[6]　标注完成的尺寸，如要修改尺寸的位置，可以选择【尺寸标注】里的【快速标注】命令，然后选择所需修改的尺寸，按住鼠标左键，拖动到合适的位置即可；如要修改数值，可以在弹出的【尺寸标注】操作栏中单击【调整文字】按钮进行修改。

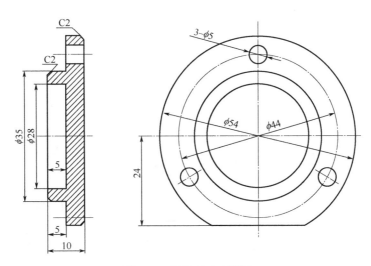

图 4-46　标注尺寸步骤四

4.3.2　实例　齿轮油泵泵盖图案填充及标注

将图 4-47 所示的泵盖图形进行图案填充及尺寸标注。

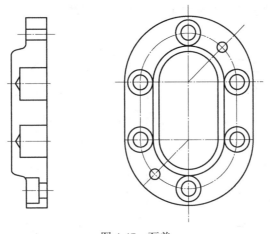

图 4-47　泵盖

🐴 **操作步骤**

[1]　选择【编辑】/【修剪/打断】/【在交点处打断】，根据提示框选主视图，将主视图中所有的轮廓线在交点处打断。

[2]　选择【尺寸标注】中的【剖面线】命令，系统弹出【剖面线】对话框，选择合适的图样，设置好【间距】、【角度】，单击【确定】按钮 ✓。

[3]　系统弹出【串连选项】对话框，选中对话框中的【区域】选项，然后依次在需要填充的区域单击鼠标左键，单击【确定】按钮 ✓，结果如图 4-48 所示。

[4]　选择【绘图】/【尺寸标注】/【选项】，在弹出的【尺寸标注设置】对话框中，根据前面所讲的方式设置好尺寸数字、尺寸线、尺寸界线、尺寸箭头等。

[5]　选择【尺寸标注】中的【水平标注】，依次给定所有水平尺寸所对应的两个端点，拖动数值到适当的位置放置，完成水平尺寸的标注。

[6] 选择【尺寸标注】中的【垂直标注】命令，依次标注所有的垂直尺寸，结果如图4-49所示。

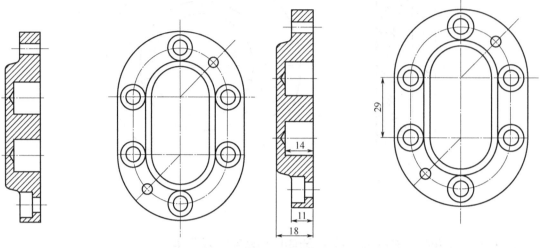

图4-48 图案填充结果　　　　　　　　　图4-49 标注线性尺寸

[7] 选择【尺寸标注】中的【垂直标注】命令，标注主视图中的两个非圆直径尺寸，注意指定尺寸两端点后，要按下 D 键以添加直径符号，结果如图4-50所示。

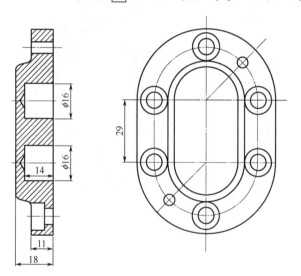

图4-50 标注非圆直径

[8] 选择【尺寸标注】中的【圆弧标注】命令，依次标注所有的圆弧尺寸，结果如图4-51所示。

[9] 该图形中有两组圆的尺寸内容需要编辑修改，由于中文版 Mastercam X6 的兼容性问题，尺寸内容要用【注解文字】的方式编辑修改。使用【圆弧标注】命令和【延伸线】命令绘制两尺寸的尺寸线，如图4-51所示。

[10] 选择【绘图】/【尺寸标注】/【注解文字】命令，写出文字如图4-52所示，注意应留出放置直径符号的位置。另外，使用相应的绘图命令绘制出直径符号，如图4-53所示。

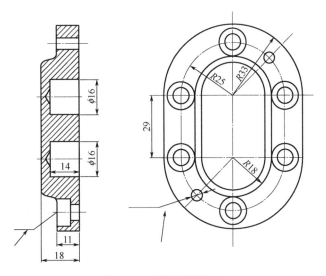

图 4-51　标注圆弧尺寸

图 4-52　注解文字

图 4-53　绘制直径符号

[11] 使用相同的方式完成另一个需要编辑修改内容的尺寸。

[12] 选择【绘图】/【尺寸标注】/【快速标注】命令，然后选中需调整的尺寸，可以修改尺寸格式及位置，最终结果如图 4-54 所示。

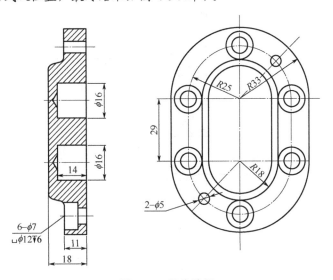

图 4-54　最终结果

📖　说明：由于 Mastercam X6 软件的兼容性问题，有些符号无法正确标注，要用本例中的方法才能完成。

4.4 课后练习

1. 思考题

（1）如何设置尺寸标注样式？

（2）如何编辑修改尺寸数值？

（3）图案填充有几种方式，并简述其具体实现步骤。

2. 上机题

（1）绘制如图 4-55 所示的平面图形并标注尺寸。

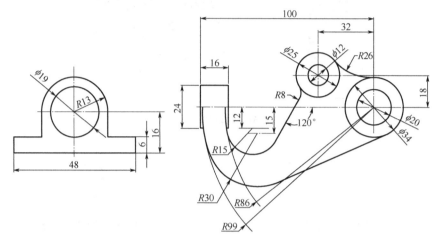

图 4-55　标注尺寸

（2）绘制如图 4-56 所示平面图形并标注尺寸和进行图案填充。

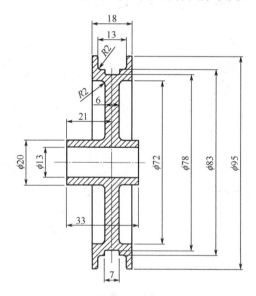

图 4-56　标注尺寸及图案填充

第 5 章　曲面造型

曲面造型在 CAM 软件中是比较重要的一部分内容，除了满足三维造型以外，刀具路径的生成有时也建立在曲面的基础上。Mastercam X6 提供了常用的绘制曲面的方法，本章主要介绍各种生成曲面的基本方法和实例。

【学习要点】

- 基本曲面的创建。
- 高级曲面的创建。

5.1　基本命令简介

本节我们介绍 Mastercam X6 中基本曲面创建的基础知识，以及各种常用高级曲面创建命令的基本使用方法。

5.1.1　基本曲面的创建

Mastercam X6 提供了 5 种基本曲面的造型方法，如图 5-1 所示。基本曲面造型方法的共同特点是参数化造型，即通过改变曲面的参数，可以方便地绘出同类的多种曲面。如图 5-1 所示的圆柱曲面，通过改变圆柱曲面的参数，即高度和底面直径，可以绘制出各种圆柱曲面；圆锥曲面，当其锥顶直径不为零时，即为圆台曲面；长方体曲面，当长方体的长、宽和高度相等时，即为正方体曲面；球面、圆环曲面也可以通过给定不同的参数绘制不同的曲面。

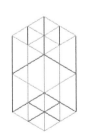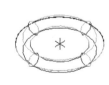

图 5-1　基本曲面

1．圆柱曲面

选择【绘图】/【基本实体】/【圆柱体】，系统弹出【圆柱体】对话框，如图 5-2 所示。选择【曲面】模式，设置好其他参数，即可绘制圆柱曲面。

（1）⊕：指定基准点。

（2）◔：定义圆柱曲面的半径。

（3）↕：定义圆柱曲面的高度。

（4）↔：切换圆柱曲面的生成方向。

（5）　：定义圆柱曲面生成的起始角度。

（6）　：定义圆柱曲面生成的终止角度。

（7）　：选择一直线作为圆柱曲面的轴线。

（8）　：定义两点作为圆柱曲面的轴线。

2．圆锥曲面

选择【绘图】/【基本实体】/【圆锥体】，系统弹出【锥体】对话框，如图 5-3 所示。参数设置和【圆柱体】对话框类似，不同之处是可以分别指定圆锥曲面底圆半径和顶圆半径及圆锥曲面的锥角。选择【曲面】模式，设置好其他参数，即可绘制圆锥曲面。

图 5-2 【圆柱体】对话框

图 5-3 【锥体】对话框

3．立方体曲面

选择【绘图】/【基本实体】/【立方体】，系统弹出【立方体选项】对话框，如图 5-4 所示，设置好立方体的长、宽、高及基准点等参数，选择【曲面】模式，即可绘制立方体曲面。

4．球面

选择【绘图】/【基本实体】/【球体】，系统弹出【圆球体选项】对话框，如图 5-5 所示，参数和前面几种曲面的对话框类似，这里就不重复了。设置好参数，选择【曲面】模式，即可绘制球面。

5．圆环面

选择【绘图】/【基本实体】/【圆环体】，系统弹出【圆环体选项】对话框，如图 5-6 所示。该对话框中，图标　表示圆环面的中心圆半径，图标　表示截面小圆的半径，其他参数和前面几种曲面类似。设置好相关参数后，即可绘制出圆环面，圆环示例如图 5-7 所示。

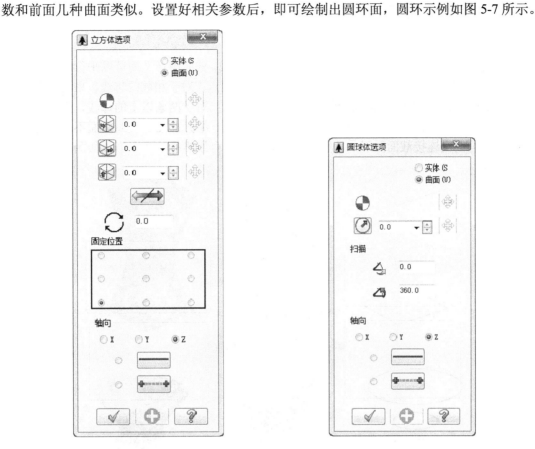

图 5-4 【立方体选项】对话框

图 5-5 【圆球体选项】对话框

图 5-6 【圆环体选项】对话框

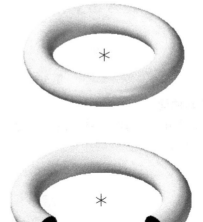

图 5-7 圆环示例

5.1.2 高级曲面的创建

1. 直纹/举升曲面

直纹/举升曲面由两条或两条以上截面母线连接生成，截面图形之间可以平行也可以不平行。生成直纹/举升曲面时，要注意各母线串接时的起始点，对于相同的母线，串接起始点选择不同，生成的直纹/举升曲面差别很大，如图 5-8 所示；对于两条以上的母线，选择串接母线的次序不同，生成的直纹/举升曲面同样有很大的差别，举升曲面与直纹曲面不同的是举升曲面是由一组曲线连接截面图形，而直纹曲面是由一组直线连接截面图形，如图 5-9 所示。

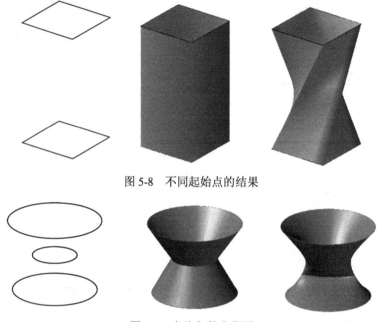

图 5-8　不同起始点的结果

图 5-9　直纹和举升曲面

选择【绘图】/【曲面】/【直纹/举升曲面】，系统弹出【串连选项】对话框，依次选择截面图形，然后在弹出的【直纹/举升】操作栏上选择【直纹曲面】或【举升曲面】，单击【确定】按钮✅即可，如图 5-10 所示。

直　举
纹　升
曲　曲
面　面

图 5-10　【直纹/举升】操作栏

2. 旋转曲面

旋转曲面由一条母线绕着一根轴线旋转而成，旋转的角度可以在 0°～360° 之间任意选择，如图 5-11 所示。

图 5-11　旋转曲面

选择【绘图】/【曲面】/【旋转曲面】，系统弹出【串连选项】对话框，选择母线后，单击【串连选项】对话框中的【确定】按钮 ▢，系统会弹出【旋转曲面】操作栏，如图5-12所示。此时选择轴线，单击操作栏中的【确定】按钮▢即可。

选择母线　选择轴线　起始角度　终止角度

图5-12　【旋转曲面】操作栏

3．曲面补正

曲面补正的作用是将已知曲面沿着法线方向偏移，既可以沿着法线方向移动偏移也可以复制偏移，如图5-13所示。

图5-13　曲面补正

选择【绘图】/【曲面】/【曲面补正】，选择需要补正的曲面，完成后单击【结束选择】按钮▢，系统弹出【补正曲面】操作栏，如图5-14所示。设置好【补正距离】等相关参数，单击操作栏中的【确定】按钮▢即可。

重新选择　单一方向　循环方向　补正距离　复制补正　移动补正

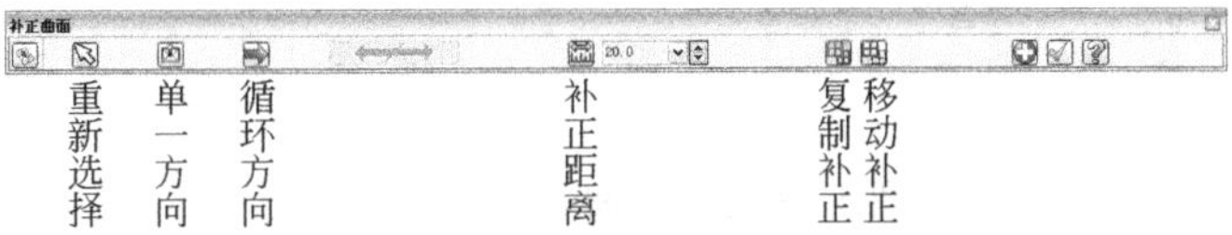

图5-14　【补正曲面】操作栏

4．扫描曲面

扫描曲面由截面曲线沿着引导曲线移动而形成。扫描曲面形成中，可以有以下几种情况。

（1）选择一条截面曲线和一条引导曲线，如图5-15所示。

图5-15　一条截面曲线和一条引导曲线生成的扫描曲面

（2）选择一条截面曲线和多条引导曲线，如图5-16所示是由一条截面曲线和两条引导曲线生成的扫描曲面。

（3）选择多条截面曲线和一条引导曲线，如图5-17所示是由两条截面曲线和一条引导曲线生成的扫描曲面。

图 5-16 一条截面曲线和两条引导曲线　　　　图 5-17 两条截面曲线和一条引导
　　　　　生成的扫描曲面　　　　　　　　　　　　曲线生产的扫描曲面

（4）选择多条截面曲线和多条引导曲线，如图 5-18 所示是由两条截面曲线和两条引导曲线生成的扫描曲面。

图 5-18 两条截面曲线和两条引导曲线生成的扫描曲面

选择【绘图】/【曲面】/【扫描曲面】，系统会弹出【串连选项】对话框和【扫描曲面】操作栏，如图 5-19 所示。依次选择截面曲线，选择完成后单击【串连选项】中的【确定】按钮 ，接着选择引导曲线，并设置相关参数，单击操作栏中的【确定】按钮 即可。

图 5-19 【扫描曲面】操作栏

扫描曲面形成时，同样要注意各截面曲线串接起始点的位置，当扫描曲面是由多条截面曲线和一条引导曲线形成时，其操作与形成直纹曲面和举升曲面的操作类似。

比较这三种曲面可以发现，当直纹曲面和举升曲面的截面曲线一定时，形成的曲面是唯一的，而对于扫描曲面而言，曲面的最终形成还取决于引导曲线。因此扫描曲面形成时选择的变化较多，可以形成复杂的曲面。

5．网状曲面

网状曲面是由一些小曲面片按照边界条件平滑连接形成的一种不规则曲面，如图 5-20 所示。由于多个平滑连接的小曲面片组合起来像一个网，所以称为网状曲面。

图 5-20 网状曲面

选择【绘图】/【曲面】/【网状曲面】，系统会弹出【串连选项】对话框和【创建网状曲面】操作栏，如图 5-21 所示，选择构成网状曲面的串连要素即可。

图 5-21 【创建网状曲面】操作栏

构建网状曲面有两种方式：自动串连方式和手动串连方式。前者主要用于较少分歧点的情况而后者用于分歧点较多的情况。在自动创建网状曲面的状态下，系统允许选择三个串连图素来定义曲面，多数情况下，是使用手动串连方式来绘制网状曲面的。

6．围篱曲面

围篱曲面是指通过已知曲面上的一条曲线，生成与已知曲面法线垂直或者呈给定夹角的直纹面，如图 5-22 所示。

图 5-22　围篱曲面

选择【绘图】/【曲面】/【围篱曲面】，系统会弹出【创建围篱曲面】操作栏，如图 5-23 所示，选择已知曲面，然后选择曲面上的曲线，设置好起始和终止高度及生成方向等参数，即可生成所需的围篱曲面。

图 5-23　【创建围篱曲面】操作栏

7．牵引曲面

牵引曲面是指将某一串连图素沿某一方向做牵引运动后生成的曲面，主要参数有牵引方向、牵引长度、牵引角度等。

选择【绘图】/【曲面】/【牵引曲面】，系统会弹出【串连选项】对话框，选择好已知串连图素后，系统会弹出【牵引曲面】对话框，如图 5-24 所示，对话框中相关按钮含义如下。

（1）【长度】：表示牵引的距离由牵引长度给出。

（2）【平面】：表示牵引曲面延伸至给定平面。

（3）![图标]：设置牵引长度。

（4）![图标]：设置真实长度，用于带拔模斜度的牵引曲面。

（5）![图标]：设置拔模斜度的角度值。

（6）![图标]：指定要牵引至哪一个平面。

设定好相关参数，即可完成牵引曲面的绘制，示例如图 5-25 所示。

图 5-24 【牵引曲面】对话框

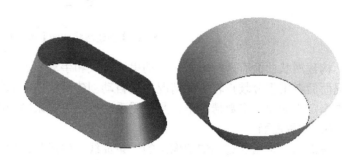

图 5-25 牵引曲面示例

8. 挤出曲面

挤出曲面和牵引曲面类似，不同之处是参数有所变化，而且生成的挤出曲面上下是被平面封闭的，如图 5-26 所示。

选择【绘图】/【曲面】/【挤出曲面】，系统会弹出【串连选项】对话框，选择好已知串连图素后，系统会弹出【挤出曲面】对话框，如图 5-27 所示，对话框中相关按钮含义如下。

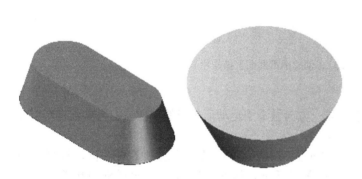

图 5-26 挤出曲面示例

图 5-27 【挤出曲面】对话框

(1) ▦：选择曲线。

(2) ✛：选择基准点。

(3) ▦：设置挤出高度。

(4) ▦：设置缩放比例。

(5) ▦：设置旋转角度。

(6) ▦：设置偏移距离。

(7) ▦：设置锥度角。

9．由实体生成曲面

实体曲面是指将实体造型的表面剥离而形成的曲面。由于从三维实体造型可以获得一个复杂的曲面形状，相对从线框模型获得复杂曲面要容易得多。因此，对于复杂的曲面，可以考虑实体曲面的方法。

选择【绘图】/【曲面】/【由实体生成曲面】，选择需要剥离的曲面，选择完成后单击【结束选择】按钮，系统弹出【从实体到曲面】操作栏，如图 5-28 所示，设置相关参数即可剥离所需的曲面。从实体到曲面示例如图 5-29 所示。

图 5-28 【从实体到曲面】操作栏 | 图 5-29 从实体到曲面示例

5.2 曲面创建实例

本节我们以实例的方式来进一步介绍 Mastercam X6 中各种常用曲面创建命令的具体使用方法、技巧和注意事项。

5.2.1 实例 简单的高脚杯曲面

该实例要求利用旋转曲面命令创建一个高脚杯曲面，尺寸自定。

操作步骤

[1] 首先绘制高脚杯曲面的截面图形，单击【前视图】按钮，切换到前视图方向，利用【绘制任意线】命令绘制如图 5-30（a）所示的平面图形。

[2] 选择【绘图】/【倒圆角】，对截面直线进行适当倒角，如图 5-30（b）所示。

[3] 选择【绘图】/【曲面】/【旋转曲面】，选择轮廓曲线，如图 5-30（c）所示，单击【串连选项】中的【确定】按钮，系统弹出【旋转曲面】操作栏，如图 5-31 所示，此时选择旋转轴，然后单击操作栏中的【确定】按钮，最终结果如图 5-30（d）所示。

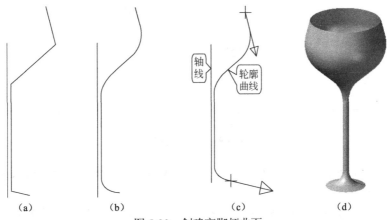

（a） （b） 轴线 轮廓曲线 （c） （d）

图 5-30 创建高脚杯曲面

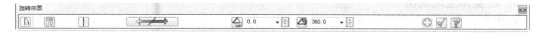

图 5-31 【旋转曲面】操作栏

5.2.2 实例 麻花钻曲面

该实例要求利用扫描命令创建麻花钻曲面造型。

操作步骤

[1] 首先绘制截面图形，单击【顶视图】按钮，切换到顶视图方向，利用【绘图】/
【绘弧】/【已知圆心点画圆】命令，按照给定尺寸绘制如图 5-32（a）所示的平面
图形。

[2] 选择【编辑】/【修剪/打断】/【修剪/打断/延伸】命令，在系统弹出的【修剪/延伸/
打断】操作栏中选中【分割物体】按钮，如图 5-33 所示，将图形修剪成如图 5-32（b）
所示形状。

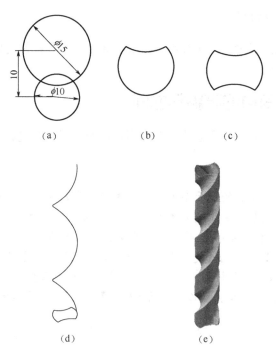

(a)　　　　　　　　(b)　　　　　　　　(c)

(d)　　　　　　　　(e)

图 5-32 绘制麻花钻曲面

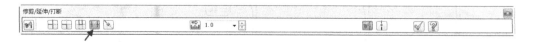

图 5-33 【修剪/延伸/打断】操作栏

[3] 依次使用【镜像】命令和【修剪/延伸/打断】命令，将图形编辑修改成如图 5-32（c）
所示形状。

[4] 绘制麻花钻曲面的扫描路径图形，确认视角为顶视图方向，选择【绘图】/【绘制螺

旋线（锥度）】命令，系统弹出【螺旋状】对话框，按照如图 5-34 所示参数进行设置，设置完成后，捕捉截面图形的中心为基准点，单击对话框中的【确定】按钮 ，结果如图 5-32（d）所示。

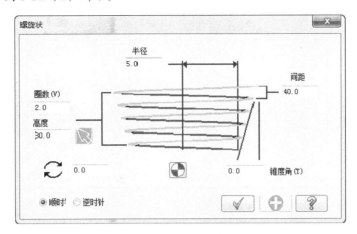

图 5-34 【螺旋状】对话框

[5] 选择【绘图】/【曲面】/【扫描曲面】，选择截面图形，单击【串连选项】中的【确定】按钮 ；接着选择路径图形（用串连方式），再次单击【串连选项】中的【确定】按钮 即可，注意此时要选中弹出的【扫描曲面】操作栏中的【旋转】按钮，如图 5-35 所示，最终结果如图 5-32（e）所示。

图 5-35 【扫描曲面】操作栏

5.2.3 实例 鼠标网状曲面

绘制如图 5-36 所示的鼠标网状曲面，尺寸在操作步骤中说明。

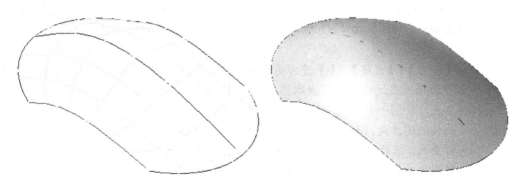

图 5-36 鼠标网状曲面

操作步骤

[1] 单击【顶视图】按钮，将视角切换到顶视图方向，选择【绘图】/【椭圆】命令，

在【坐标】操作栏中锁定（0,0,0）点，如图 5-37 所示。在弹出的如图 5-38 所示的
【椭圆选项】对话框中输入【长轴半径】为 "50"，【短轴半径】为 "35"，单击【确
定】按钮 。

图 5-37　坐标操作栏

图 5-38　【椭圆选项】对话框

[2] 选择【绘图】/【矩形】命令，捕捉坐标原点为基准点，在弹出的如图 5-39 所示的
【矩形】操作栏中锁定【宽度】为 "50.0"，【高度】为 "80.0"，选中【设置基准点
为中心点】图标🞣，绘制矩形，结果如图 5-40（a）所示。

图 5-39　【矩形】操作栏

[3] 选择【编辑】/【修剪/打断】/【在交点处打断】命令，框选所有图形，然后按 Enter
键确认，删除多余图线，结果如图 5-40（b）所示。

[4] 单击【前视图】按钮，将视角切换到前视图方向，选择【绘图】/【曲线】/
【手动画曲线】命令，绘制一条样条曲线，注意起点和终点应捕捉已绘图形的最
左最右点，如图 5-40（c）所示。图 5-40（d）、（e）分别是顶视图和轴测图的
样子。

[5] 选择【绘图】/【曲线】/【手动画曲线】命令，首先捕捉 1 点，此时复制并锁定点
的 Z 坐标值，在适当的位置点取第二个点（保证第二点和点 1 的 Z 值相同），然后
捕捉 2 点，绘制一条曲线，如图 5-40（f）所示。

[6] 切换到轴测图方向，如图 5-40（g）所示。选择【抓换】/【平移】命令，单击刚绘
制的样条线，选择完成后单击【结束选择】按钮，系统弹出【平移选项】对话框，
在对话框中选择【从一点到另一点】方式，然后依次单击 1 点和 3 点，单击对话框
中的【确定】按钮，结果如图 5-40（h）所示。

[7] 选择【绘图】/【曲面】/【网状曲面】命令，此时系统会弹出【串连选项】对话框，
保持参数不变，依次选择所有曲线，选择完成后，单击【串连选项】对话框中的【确
定】按钮，最终结果如图 5-36 所示。

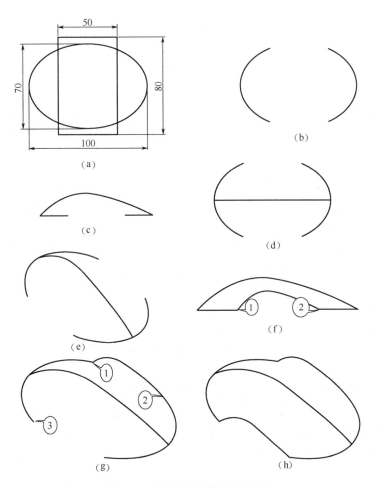

图 5-40　绘制鼠标网状曲面步骤

5.2.4　实例　叶轮曲面

利用构建网状平面命令绘制如图 5-41 所示的叶轮三维曲面（本实例主要讲述叶轮曲面的构建方法，具体尺寸不做确定）。

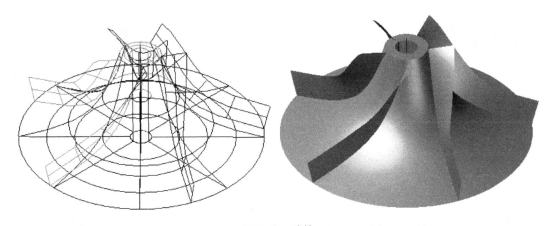

图 5-41　叶轮

操作步骤

[1] 利用【绘制任意线】命令和【手动画曲线】命令，绘制出如图 5-45（a）所示图形。

[2] 选择【绘图】/【曲面】/【旋转曲面】命令，系统弹出【串连选项】对话框，此时选择绘制的封闭图形，单击【串连选项】对话框中的【确定】按钮 ✓，此时系统弹出【旋转曲面】操作栏，选择绘制的竖直线，单击操作栏中的【确定】按钮✓，结果如图 5-45（b）所示。

[3] 将视图切换到【顶视图】，绘制一条斜线，结果如图 5-45（c）所示。

[4] 选择【转换】/【投影】命令，选择上一步绘制的斜线作为需投影的图素，选择完成后单击【结束选择】按钮，此时系统弹出【投影】对话框，按照如图 5-42 方框内的内容进行设置，即选择【投影到曲面】，接着选择刚生成的旋转曲面，选择完成后单击【结束选择】按钮，单击【确定】按钮 ✓，即可生成如图 5-45（d）所示的投影线。

[5] 选择【绘图】/【曲面】/【围篱曲面】命令，系统会弹出【围篱曲面】操作栏，设置相关参数，如图 5-43 所示，选取曲面，接着选择刚才生成的投影线，单击【确定】按钮分别关闭【串连选项】对话框和【围篱曲面】操作栏，结果如图 5-45（e）所示。

[6] 切换到【顶视图】方向，选择【转换】/【旋转】命令，选择第[5]步生成的围篱曲面，单击【结束选择】按钮，系统弹出【旋转】对话框，如图 5-44 所示，设置【次数】为“5”，【整体旋转角度】为“360.0”，然后定义旋转中心，关闭相关对话框，结果如图 5-45（f）所示。

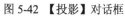

图 5-42 【投影】对话框

图 5-43 【围篱曲面】操作栏（部分）

图 5-44 【旋转】对话框

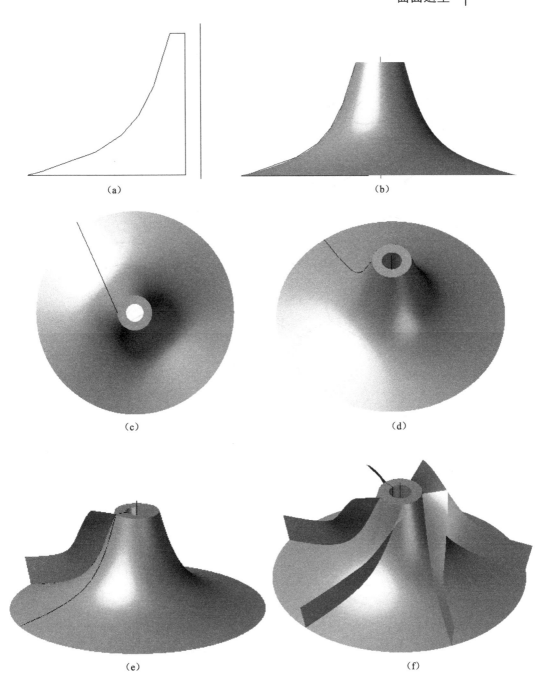

图 5-45　绘制叶轮曲面过程

5.3　课后练习

1．思考题

（1）构建高级曲面的命令有哪几种？各有何特点？

（2）创建举升曲面时，如何避免发生扭曲？

2．上机题

构建如图 5-46 所示的曲面模型。

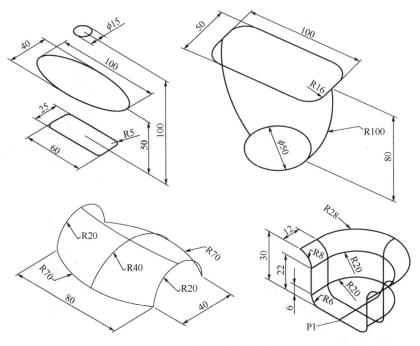

图 5-46　构建曲面模型

第6章 编辑曲面

编辑曲面是指由已生成的曲面通过各种编辑修改方法得到复杂的曲面，在实际创建曲面时，单一的曲面创建命令往往不能满足需要，常常会用到多种编辑曲面的命令。Mastercam X6 提供了多种获得编辑曲面的方法。

【学习要点】

- 曲面编辑命令的基本操作。
- 曲面编辑命令的综合应用。

6.1 基本命令简介

实际应用中，高级曲面在生成以后常常会用到曲面编辑命令来进行进一步修改，以完成比较复杂的曲面。Mastercam X6 提供了多种曲面编辑修改的方法。

6.1.1 曲面倒圆角

曲面倒圆角是在已知曲面上产生的一组圆弧过渡，通常是与一个或两个原曲面相切。在Mastercam X6 中，曲面倒圆角包括 3 种操作，如图 6-1 所示为菜单栏和工具栏中的曲面倒圆角命令。

图 6-1 【曲面倒圆角】命令

1．曲面与曲面倒圆角

曲面与曲面倒圆角命令可以完成多种圆角样式，如图 6-2 所示。

选择【绘图】/【曲面】/【曲面倒圆角】/【曲面与曲面】，选取曲面 1，单击【结束选择】按钮，选取曲面 2，单击【结束选择】按钮，此时系统弹出如图 6-3 所示的【曲面与曲面倒圆角】对话框，设定相关参数即可。如有必要可以单击【选项】按钮，系统弹出【曲面倒圆角选项】对话框，如图 6-4 所示，可以进一步设置圆角相关参数。设置完成后，单击【确定】按钮，即可绘制出如图 6-2 所示的各种圆角。

> 提示：为确保圆角构建在需要的外表面，有时候需要通过修改法线方向来实现。

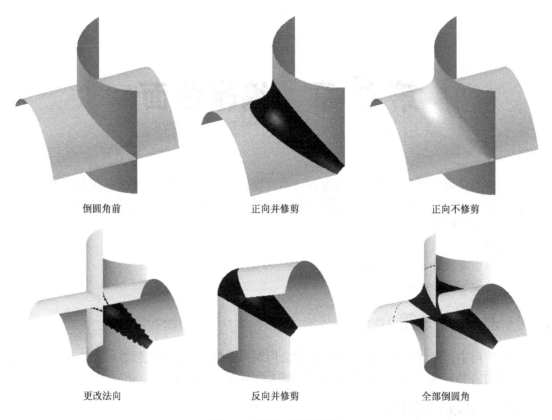

倒圆角前　　　　　　　　　正向并修剪　　　　　　　　　正向不修剪

更改法向　　　　　　　　　反向并修剪　　　　　　　　　全部倒圆角

图 6-2　曲面与曲面倒圆角

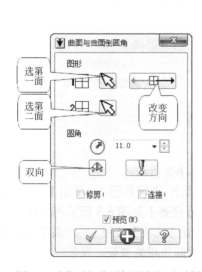

图 6-3　【曲面与曲面倒圆角】对话框

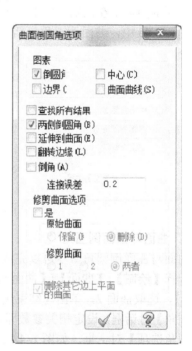

图 6-4　【曲面倒圆角选项】对话框

2. 曲线与曲面倒圆角

曲线与曲面倒圆角命令是指通过一曲线向另一曲面绘制圆角，示例如图 6-5 所示。

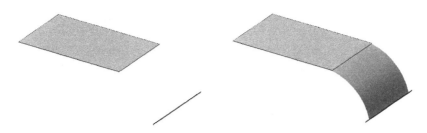

图 6-5　曲线与曲面倒圆角

选择【绘图】/【曲面】/【曲面倒圆角】/【曲线与曲面倒圆角】，选取曲面，单击【结束选择】按钮，此时会弹出【串连选项】对话框，选取曲线，单击【确定】按钮，此时系统弹出如图 6-6 所示的【曲线与曲面倒圆角】对话框，设定相关参数，即可绘制出如图 6-5 所示的圆角。

图 6-6　【曲线与曲面倒圆角】对话框

📖　提示：为确保圆角构建成功，应设置合适的圆角大小和法线方向，否则可能提示错误。

3．曲面与平面倒圆角

选择【绘图】/【曲面】/【曲面倒圆角】/【曲面与平面倒圆角】，选取曲面，单击【结束选择】按钮，此时会弹出如图 6-7 所示的【曲面与平面倒圆角】对话框，设定相关参数，即可绘制出如图 6-8 所示的圆角，同样要注意法线方向的设置。

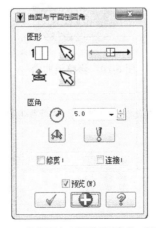

图 6-7　【曲面与平面倒圆角】对话框

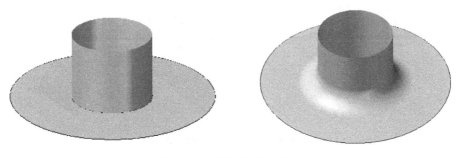

图 6-8 平面与曲面倒圆角

6.1.2 曲面修剪

曲面修剪就是将已知曲面沿着指定的边界图素进行修整，边界图素可以是曲面、曲线或者平面。菜单栏中的曲面修剪命令和工具栏中的的曲面修剪命令如图 6-9 所示。

图 6-9 曲面修剪命令

1. 修整至曲面

以图 6-10 为例，选择【绘图】/【曲面】/【修剪】/【修整至曲面】，选取圆柱面，单击【结束选择】按钮，接着选取曲面，单击【结束选择】按钮，此时会弹出【曲面至曲面】操作栏，如图 6-11 所示，设定相关参数，根据提示指定需保留的曲面，即可绘制出如图 6-10 所示的图形。

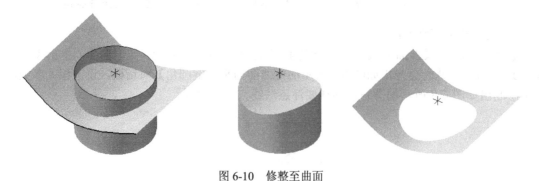

图 6-10 修整至曲面

> 📖 提示：【修剪】命令一般都是先选择边界图素，然后再选择被修剪图素。

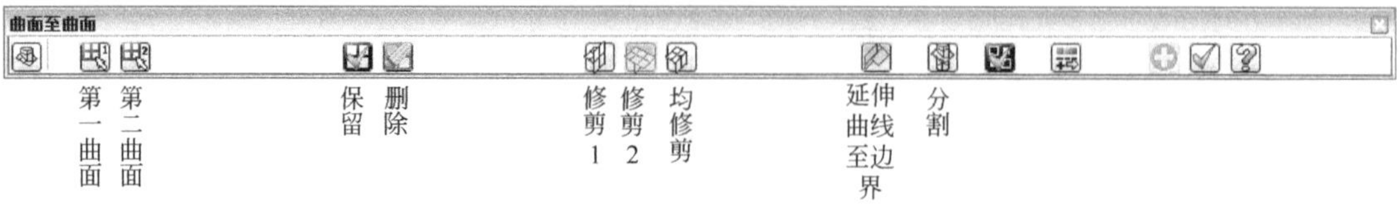

第一曲面	第二曲面		保留	删除		修剪1	修剪2	均修剪		延伸曲线至边界	分割

图 6-11 【曲面至曲面】操作栏

2. 修整至曲线

以图 6-12 为例,选择【绘图】/【曲面】/【修剪】/【修整至曲线】,选取圆柱面和平面,单击【结束选择】按钮🔵,此时会弹出【串连选项】对话框,接着选取圆,单击【确定】按钮 ✓ ,此时会弹出【曲面与曲线】操作栏,如图 6-13 所示,设定相关参数,根据提示指定需保留的曲面,即可绘制出如图 6-12 所示的图形。

图 6-12　修整至曲线

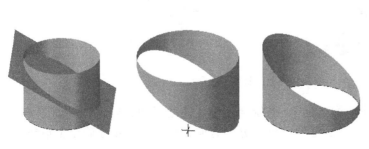

图 6-13　【曲面与曲线】操作栏

> 📖 提示:【修整至曲线】命令需特别注意操作栏中的两个参数:图标📦表示垂直于当前构图面;图标📦表示垂直于待修剪曲面。选择后一种方式时还要给定合适的距离数值,否则会无法修剪。

2. 修整至平面

以图 6-14 为例,选择【绘图】/【曲面】/【修剪】/【修整至平面】,选取圆柱面,单击【结束选择】按钮🔵,此时会弹出【平面选择】对话框,选中【选择图素】图标⭕,如图 6-15 所示。然后选择已知斜面,单击【确定】按钮 ✓ ,此时会弹出【曲面与平面】操作栏,如图 6-16 所示。设定相关参数,根据提示指定需保留的曲面,删除斜面,即可绘制出如图 6-14 所示的图形。

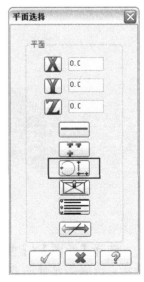

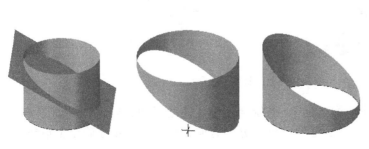

图 6-14　修整至平面

图 6-15　【平面选择】对话框

图 6-16 【曲面与平面】操作栏

6.1.3 分割曲面

分割曲面就是按指定的位置和方向将一个曲面分割成几部分，如图 6-17 所示。

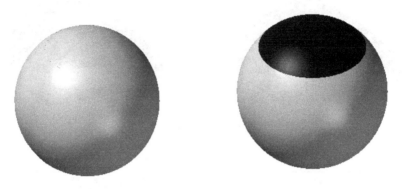

图 6-17 分割曲面

选择【绘图】/【曲面】/【分割曲面】，系统会弹出【分割曲面】操作栏，如图 6-18 所示，选取需要分割的圆柱面，然后指定分割位置和分割方向，单击【确定】按钮即可。

图 6-18 【分割曲面】操作栏

6.1.4 曲面延伸

曲面延伸就是按指定的尺寸和方向将一个曲面延长，如图 6-19 所示。

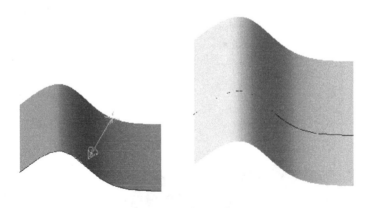

图 6-19 曲面延伸

选择【绘图】/【曲面】/【曲面延伸】，系统会弹出【曲面延伸】操作栏，如图 6-20 所示。选取需延伸的曲面，然后指定延伸位置及分割方向和距离，单击【确定】按钮即可。

图 6-20 【曲面延伸】操作栏

（1）：线性延伸。

（2）：非线性延伸。

（3）：选取延伸截止面。

（4）：设定延伸距离。

（5）：保留原曲面。

（6）：删除原曲面。

6.1.5 曲面熔接

用曲面熔接方法可以生成复杂的多片曲面，Mastercam X6 提供了三种生成熔接曲面的方法。

1. 两曲面熔接

两曲面熔接是将两个已存在的曲面用熔接方法生成新的曲面，如图 6-21 所示。

图 6-21 两曲面熔接

选择【绘图】/【曲面】/【两曲面熔接】，系统会弹出【两曲面熔接】对话框，如图 6-22 所示，依次选取需熔接的曲面及熔接位置，单击【确定】按钮 即可。

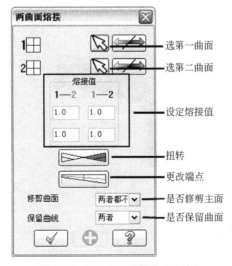

图 6-22 【两曲面熔接】对话框

不同的熔接位置和方向，有可能生成完全不同的熔接结果，如图 6-21 所示。

2．三曲面熔接

三曲面熔接是将三个已存在的曲面用熔接方法生成新的曲面，如图 6-23 所示。

选择【绘图】/【曲面】/【三曲面熔接】，首先选择第一熔接面，移动箭头到需熔接的位置，按 F 键调整熔接曲线的方向后按 Enter 键；选择第二熔接面，移动箭头到需熔接的位置，按 F 键调整熔接曲线的方向后按 Enter 键；选择第三熔接面，移动箭头到需熔接的位置，按 F 键调整熔接曲线的方向后按 Enter 键，系统会弹出【三曲面熔接】对话框，如图 6-24 所示，设置好相关参数，单击【确定】按钮 √ 即可。

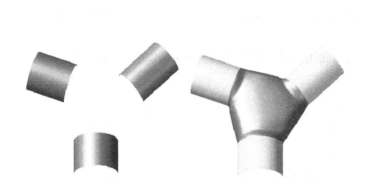

图 6-23　三曲面熔接

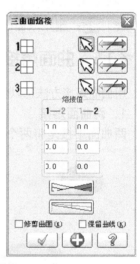

图 6-24　【三曲面熔接】对话框

3．三圆角曲面熔接

三圆角面熔接是将三个已存在的圆角面用熔接方法生成新的光滑曲面，如图 6-25 所示。

选择【绘图】/【曲面】/【三圆角面熔接】，依次选择三个已知圆角面，系统会弹出【三圆角面熔接】对话框，如图 6-26 所示，单击【确定】按钮 √ 即可。

> 📖 提示：【三圆角面熔接】对话框中，设置【6】可创建 6 条边界的熔接曲面，比设置【3】更光滑。

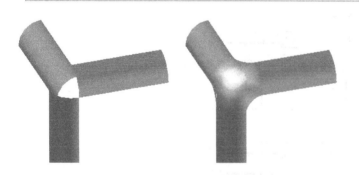

图 6-25　三圆角曲面熔接

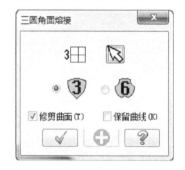

图 6-26　【三圆角面熔接】对话框

6.2 曲面编辑实例

本节我们以几个具体实例来进一步讲解上述曲面编辑修改相关命令的具体使用方法、操作过程及注意事项。

6.2.1 实例 创建带把手的杯子曲面

本例我们使用曲面创建及编辑命令来完成一个带把手的杯子曲面的造型，如图 6-31（j）所示，具体尺寸自定。

操作步骤

[1] 单击【俯视图】按钮  将视角切换到俯视图方向，选择【绘图】/【圆弧】/【圆心+点】命令，圆心锁定为 "0,0,0" 绘制一个圆，直径为 "φ20.0"，如图 6-31（a）所示。

[2] 选择【绘图】/【曲面】/【挤出曲面】命令，选择绘制好的圆，系统会弹出【挤出曲面】对话框，结果如图 6-27 所示，将【高度】设置为 "20.0"，单击【确定】按钮，结果如图 6-31（b）所示。

[3] 选择圆柱面的顶面，按 Delete 键将其删除，结果如图 6-31（c）所示。

[4] 选择【绘图】/【曲面】/【曲面倒圆角】/【曲面与曲面倒圆角】命令，选择圆柱的侧面，单击【结束选择】按钮，接着选择圆柱的底面，单击【结束选择】按钮，此时系统弹出【曲面与曲面倒圆角】对话框，如图 6-28 所示，设置【圆角半径】为 "2.0"，勾选【修剪】方式，其他参数如图所示，单击【确定】按钮，生成结果如图 6-31（d）所示。

[5] 切换到【前视图】方向，选择【绘图】/【曲线】/【手动画曲线】命令，绘制一样条线，图形如图 6-31（e）所示。

[6] 切换到【右视图】方向，选择【绘图】/【圆弧】/【圆心+点】命令，捕捉样条线的顶点为圆心，绘制一个小圆，图形如图 6-31（f）所示。

[7] 选择【绘图】/【曲面】/【扫描曲面】命令，系统弹出【串连选项】对话框，选择小圆作为截面圆，单击【串连选项】对话框中的【确定】按钮，接着选择样条线作为路径，单击【串连选项】对话框中的【确定】按钮，在如图 6-29 所示的【扫面曲面】操作栏中选择【旋转】方式，单击操作栏中的【确定】按钮，结果如图 6-31（g）所示。

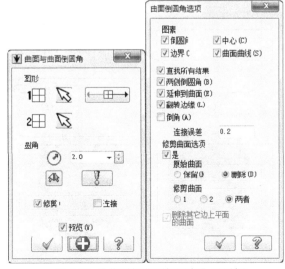

图 6-27 【挤出曲面】对话框 　　　　　图 6-28 【曲面与曲面倒圆角】对话框

图 6-29 【扫描曲面】操作栏

[8] 转换一下视角，如图 6-31（h）所示可以看出手柄的端部需要修剪，选择【绘图】/【曲面】/【曲面修剪】/【修整至曲面】命令，选择手柄曲面，单击【结束选择】按钮，接着选择圆柱的侧面，单击【结束选择】按钮，此时系统弹出【曲面与曲面】操作栏，选中操作栏中箭头所指的几个按钮，如图 6-30 所示，并且依次选择曲面上需保留的区域，选择完成后，单击操作栏中的【确定】按钮，结果如图 6-31（i）所示。

图 6-30 【曲面与曲面】操作栏

[9] 选择【绘图】/【曲面】/【曲面倒圆角】/【曲面与曲面倒圆角】命令，选择圆柱的侧面，单击【结束选择】按钮，接着选择手柄面，单击【结束选择】按钮，此时系统弹出【曲面与曲面倒圆角】对话框，设置【圆角半径】为"1.0"，勾选【修剪】方式，单击【选项】按钮，在弹出的【曲面倒圆角选项】对话框中，按如图 6-28 所示设置，依次单击【确定】按钮，生成结果如图 6-31（j）所示。

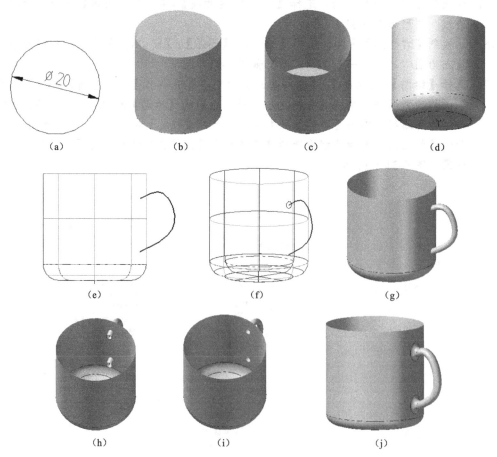

图 6-31 创建杯子外沿并倒圆角

6.2.2 实例 创建完整的高脚杯曲面

本例我们使用曲面创建及编辑命令来完成一个高脚杯曲面的造型，如图 6-32（e）所示，具体尺寸自定。

操作步骤

[1] 切换到【前视图】方向，选择【绘图】/【任意线】/【绘制任意线】命令，绘制一个封闭截面线框和一条竖直线，如图 6-32（a）所示。

[2] 选择【绘图】/【圆弧】/【圆心+点】命令，以竖直线上一点为圆心，绘制一个和直线相切的圆，如图 6-32（b）所示。

[3] 选择【编辑】/【修剪/打断】/【修剪/打断/延伸】命令，对图形进行修剪，结果如图 6-32（c）所示。

[4] 选择【绘图】/【倒圆角】/【倒圆角】命令，对图形进行倒圆角处理，注意杯沿位置和底座边缘位置的倒圆角半径要很小，结果如图 6-32（d）所示。

[5] 选择【绘图】/【曲面】/【旋转曲面】命令，选择封闭轮廓线为截面线，左侧的竖直线为旋转轴，绘制旋转曲面，适当切换视角，结果如图 6-32（e）所示。

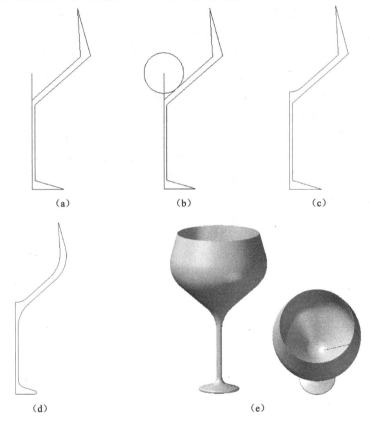

图 6-32 高脚杯的制作

6.2.3 实例 创建完整的鼠标曲面

本例我们使用曲面创建及编辑命令来完成一个鼠标曲面的造型，如图 6-35（1）所示，具体尺寸自定。

操作步骤

[1] 切换到【顶视图】方向，使用【矩形】命令绘制"100×70"矩形，注意锁定原点"(0,0,0)"为矩形中心点，然后依次使用【圆心+点】、【倒圆角】、【修剪/打断】命令，绘制图形如图 6-35（a）所示。

[2] 选择【绘图】/【曲面】/【牵引曲面】命令，系统弹出【串连选项】对话框，然后选择所绘图形，单击【串连选项】对话框中的【确定】按钮 ✅，系统弹出【牵引曲面】对话框，设置【牵引长度】为"50.0"，单击对话框中的【确定】按钮 ✅，结果如图 6-35（b）所示。

[3] 切换到【前视图】方向，选择【绘图】/【曲线】/【手动画曲线】命令，绘制一条样条线，如图 6-35（c）所示，切换一下视角，如图 6-35（d）所示。

[4] 切换到【右视图】方向，选择【绘图】/【绘弧】/【三点画弧】命令，绘制一条圆弧，如图 6-35（e）所示。切换到【轴测图】方向，如图 6-35（f）所示。

[5] 切换到【前视图】方向，选择【转换】/【平移】命令，选择绘制好的圆弧，单击【结束选择】按钮 ⬤，系统弹出【平移选项】对话框，设置【移动】/【从一点到另点】方式，如图 6-33 所示，分别指定图 6-35（g）中的 1、2 点为起始点和目标点，单击对话框中的【确定】按钮 ✅，适当切换视角，结果如图 6-35（h）所示。

[6] 选择【绘图】/【曲面】/【扫描曲面】命令，系统弹出【串连选项】对话框和【扫描曲面】操作栏，选择图 6-35（h）中的截面线，单击【确定】按钮 ✅，接着选择路径线，单击【确定】按钮 ✅，即可生成扫描曲面，如图 6-35（i）所示，单击【确定】按钮 ✅，完成扫描曲面命令。

[7] 选择【绘图】/【曲面】/【曲面修剪】/【修整至曲面】命令，选择所有侧面，单击【结束选择】按钮 ⬤，接着选择扫描面，单击【结束选择】按钮 ⬤，此时系统弹出【曲面与曲面】操作栏，选中操作栏中箭头所指的几个按钮，如图 6-34 所示，并且依次选择曲面上需保留的区域，选择完成后，单击操作栏中的【确定】按钮 ✅，结果如图 6-35（j）所示。

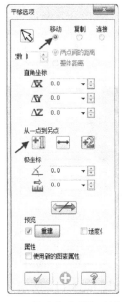

图 6-33 【平移选项】对话框

图 6-34 【曲面与曲面】操作栏

[8] 删除多余图素，如图 6-35（k）所示。选择【绘图】/【曲面】/【曲面倒圆角】/【曲面与曲面倒圆角】命令，选择所有侧面，单击【结束选择】按钮，接着选择顶面，单击【结束选择】按钮，此时系统弹出【曲面与曲面倒圆角】对话框，设置【圆角半径】为"2.0"，勾选【修剪】方式，其他参数参照前面的例子，单击【确定】按钮，生成结果如图 6-35（1）所示。

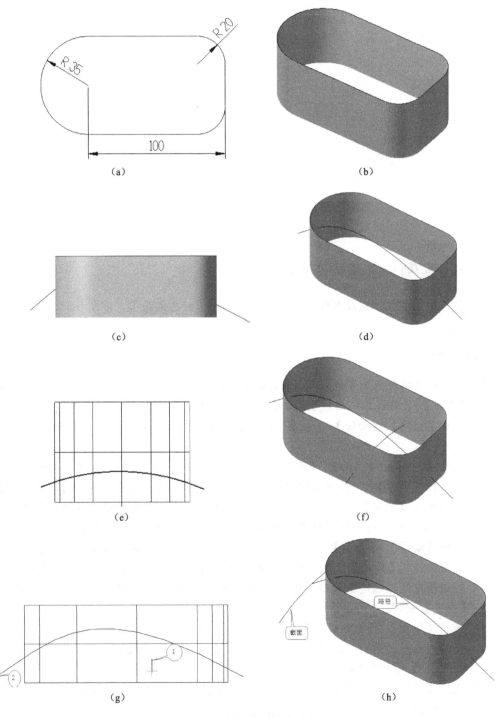

图 6-35　鼠标曲面创建过程

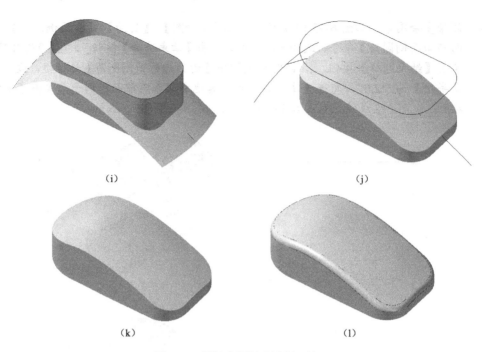

(i)　　　　　　　　　　　　　　　(j)

(k)　　　　　　　　　　　　　　　(l)

图 6-35　鼠标曲面创建过程（续）

6.2.4　实例　创建轿车曲面

本例我们使用曲面创建及编辑命令来完成一个轿车曲面的造型，如图 6-38（j）所示，具体尺寸自定。

操作步骤

[1]　切换到【前视图】方向，绘制图形如图 6-38（a）所示，具体步骤略。选择【绘图】/【曲线】/【转成单一曲线】命令，将所绘图线转换成单一曲线。

[2]　选择【绘图】/【曲线】/【手动画曲线】命令，绘制一条样条线，结果如图 6-38（b）所示。

[3]　选择【绘图】/【曲面】/【牵引曲面】命令，系统弹出【串连选项】对话框，此时要选择【单体】方式，如图 6-36 所示，然后选择所绘样条线，单击【串连选项】对话框中的【确定】按钮 ，系统弹出【牵引曲面】对话框，适当设置【牵引长度】，单击对话框中的【确定】按钮 ，结果如图 6-38（c）所示。

[4]　选择【绘图】/【曲面】/【直纹/举升曲面】命令，系统弹出【串连选项】对话框，此时要选择【单体】方式，如图 6-36 所示，然后选择所绘两条线，单击【串连选项】对话框中的【确定】按钮 ，系统弹出【直纹/举升】操作栏，单击操作栏中的【确定】按钮 ，结果如图 6-38（d）所示。

[5]　选择【绘图】/【曲线曲面】/【单一边界】命令，单击生成的牵引曲面，然后移动光标到曲面的最前端，单击鼠标左键，单击【单一边界线】操作栏中的【确定】按钮 ，生成一条边界直线，如图 6-38（e）所示。

[6]　选择【转换】/【平移】命令，，选择直纹面，单击【结束选择】按钮 ，系统弹出【平移选项】对话框，设置【复制】、【从一点到另点】方式，如图 6-33 所示，分别指定图 6-38(e)中的 1、2 点为起始点和目标点，单击对话框中的【确定】按钮 ，

适当切换视角，结果如图 6-38（f）所示。

[7] 切换到【前视图】方向，绘制表示侧窗的图形，如图 6-38（g）所示。

[8] 选择【绘图】/【曲面】/【曲面修剪】/【修剪至曲面】命令，选择所有侧面，单击【结束选择】按钮，系统弹出【串连选项】对话框，选择上一步绘制好的图线，单击【确定】按钮，此时系统弹出【曲面与曲线】操作栏，在操作栏中选择【法向】方式并且适当加大【法向】数值，如图 6-37 所示，移动光标选择需要保留的区域，选择完成后，单击操作栏中的【确定】按钮，结果如图 6-38（h）所示。

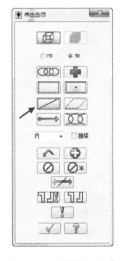

图 6-36 【单体】方式

图 6-37 【曲面与曲线】操作栏

[9] 切换到【右视图】方向，绘制表示前后窗的图形，如图 6-38（i）所示。

[10] 选择【绘图】/【曲面】/【曲面修剪】/【修剪至曲面】命令，选择顶面，单击【结束选择】按钮，系统弹出【串连选项】对话框，选择上一步绘制好的图线，单击【确定】按钮，此时系统弹出【曲面与曲线】操作栏，在操作栏中选择【视角】方式并且适当加大【法向】数值，移动鼠标选择需保留的区域，选择完成后，单击操作栏中的【确定】按钮，结果如图 6-38（j）所示。

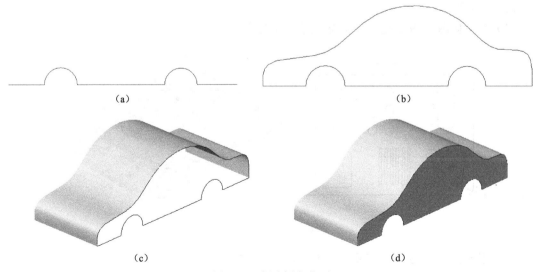

（a）　　　　　　　　　　　　　（b）

（c）　　　　　　　　　　　　　（d）

图 6-38　创建轿车曲面

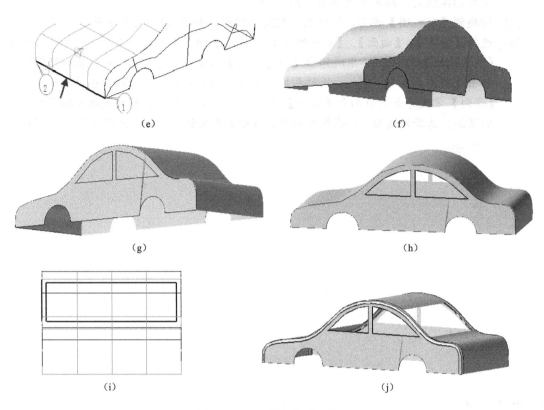

(e)　　　　　　　　(f)

(g)　　　　　　　　(h)

(i)　　　　　　　　(j)

图 6-38　创建轿车曲面（续）

6.3　课后练习

1．思考题

（1）编辑修改曲面的命令有哪几种？如何具体操作？

（2）曲面倒角和倒圆角的方式有几种？要进行哪些参数设置？

2．上机题

（1）参考如图 6-39 给定尺寸创建电话座机外壳曲面。

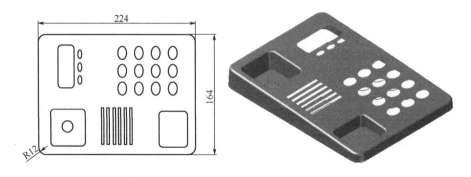

图 6-39　电话机曲面

（2）根据如图 6-40 给定三视图，创建曲面造型。

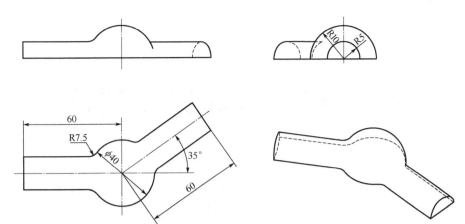

图 6-40　曲面造型

第7章 三维实体建模

三维模型主要有线框模型、表面模型、实体模型等种类，相比较而言，实体模型具有体的特征，可以完整、真实地表达零部件的形状和内外结构，实体模型的数据结构不仅完整地表达了所有的几何信息，而且包含了几何元素之间的拓扑信息，所以目前主流的三维设计软件大都采用三维实体建模的方式。

【学习要点】
- 基本三维实体的创建。
- 创建三维实体的常用命令。

7.1 基本三维实体的创建

基本三维实体主要包括圆柱、圆锥、立方体、球体、圆环体，如图 7-1 所示。Mastercam X6中五种基本三维实体的的创建方法和基本曲面的创建方法大致相同，不同之处仅是在基本实体创建对话框中，要将创建方式设置为【实体】方式，如图 7-2 所示【圆柱体】对话框中的设置。基本三维实体创建方法同样是参数化造型，即通过改变曲面的参数，可以方便地绘出同类的多种三维实体。

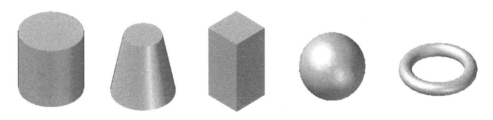

图 7-1　基本三维实体

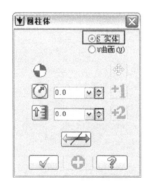

图 7-2　【圆柱体】对话框中的实体设置

由于和曲面的创建方式相同，读者可参考第 5 章的内容，这里就不再详细描述了。

7.2 常见三维实体的创建方法

在 Mastercam X6 中，除了基本实体外，最常用的创建实体模型的方法就是由二维图形转换成三维实体，这种实现由二维图形创建三维实体模型的方法主要有挤出、旋转、扫掠和举升等方式。在菜单栏下列出了相应的创建命令，同样在工具栏中也给出了相应的创建命令按钮，如图 7-3 所示。

Mastercam X6 中，除了基本实体以外，其他就是通过二维平面图形来创建三维实体了，主要方法有挤出、旋转、扫描和举升等，其菜单如图 7-3 所示，下面就简单介绍这几种方法。

图 7-3　实体创建菜单及工具栏

7.2.1　挤出实体

挤出实体能串连一个或者多个共面的曲线，并按照指定的方向和尺寸创建一个或多个新的挤出实体，当创建了挤出实体后，可在其上进行切割实体、增加凸缘、合并等操作。该命令还可以生成拔模斜度、薄壁等结构。

以图 7-5 为例，选择【实体】/【挤出实体】命令，或者单击【实体】工具栏中的【挤出实体】按钮 ，系统弹出【串连选项】对话框，保持对话框中选项默认，选择串连图线，如图 7-5（b）所示，单击【串连选项】对话框中的【确定】按钮 ，系统会弹出【挤出串连】对话框，如图 7-4 所示，设置好挤出方向，如图 7-5（c）所示，单击【确定】按钮 ，结果如图 7-5（d）所示。

图 7-4　【挤出串连】对话框

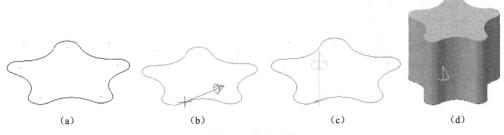

| （a） | （b） | （c） | （d） |

图 7-5　挤出实体

在【实体挤出的设置】对话框中进行不同的设置，会产生不同的结果，下面简单介绍一下。

1．创建挤出实体

在该对话框中的【挤出】选项卡中，可以设置挤出方向和挤出方式等参数。

1）定义挤出方式

在【挤出操作】选项组中，默认方式是【创建主体】，利用此方式然后在【挤出的距离/方向】选项组中设置延伸距离或者方式即可获得挤出实体。

在该选项组中也可以设置【切割实体】方式和【增加凸缘】方式，不过这要在已经建立了实体之后才可以选择。如图 7-6 所示，在实体上表面做一条由轮廓边界补正生成的二维线，利用【切割实体】方式和【增加凸缘】方式生成的实体。

图 7-6　切割实体及增加凸缘

> 📖 提示：选中【挤出操作】选项组中的【合并操作】，可以使各挤出操作合并为一个操作。

2）设置拔模斜度

在【拔模】选项组中，可以设置拔模斜度的方向和角度，设置后效果如图 7-7 所示。

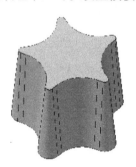

图 7-7　设置拔模斜度的挤出操作

3）定义挤出的距离/方向

该选项组中选项较多，下面简单介绍一下。

（1）按指定的距离延伸：可以直接输入挤压距离生成实体。

（2）全部贯穿：只在【切割实体】方式才可选，可以使切割贯穿目标实体。

（3）延伸到指定点：沿挤压方向挤压到指定点。

（4）按指定的向量：通过指定 X、Y、Z 来指定挤压的方向和距离。

（5）重新选取：重新设置挤压方向。

（6）修剪到指定的曲面：将挤压实体修剪到目标实体的一个曲面。

（7）更改方向：使挤压方向和设置相反。

（8）两边同时延伸：使挤压向两个方向生成实体。

（9）用于带拔模斜度的双向挤压时设置斜度的方向。

2．创建挤出薄壁

在【薄壁设置】选项卡中，可以设置薄壁的相关参数，如图 7-4 所示。薄壁挤出时可以设置向外或向内产生薄壁，挤出薄壁的效果如图 7-8 所示，分别为带拔模斜度和不带拔模斜度的。

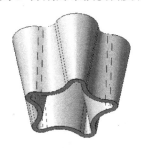

图 7-8　创建挤出薄壁

7.2.2　旋转实体

旋转实体命令可以将外形截面绕指定旋转轴进行完全或部分的旋转扫描生成实体，也可以对已有实体进行旋转切割，还可以旋转生成薄壁壳体，如图 7-9 所示。

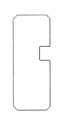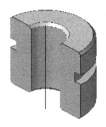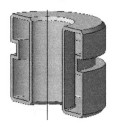

图 7-9　旋转实体

以图 7-9 为例，选择【实体】/【旋转】命令，或单击【实体】工具栏中的【实体旋转】按钮，系统弹出【串连选项】对话框，保持对话框中选项默认，选择串连图线，然后选择旋转轴，此时系统会弹出【方向】对话框，如图 7-10 所示，单击【确定】按钮，系统会弹出【旋转实体的设置】对话框，如图 7-11 所示，此对话框和【实体挤出的设置】对话框类似，这里不再赘述，生成的效果如图 7-9 所示。

图 7-10　【方向】对话框

图 7-11　【旋转实体的设置】对话框

7.2.3 扫描实体

扫描实体命令可将一封闭的串连图线沿着给定的扫描路径延伸而生成三维实体，如图 7-12 所示。

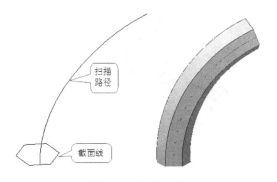

图 7-12　扫描实体　　　　　　　　　　　　　　图 7-13　【扫描实体】对话框

以图 7-12 为例，选择【实体】/【扫描实体】命令，或单击【实体】工具栏中的【扫描实体】按钮 ，系统弹出【串连选项】对话框，保持对话框中选项默认，选择截面图线，单击【确定】按钮 ，接着选择扫描路径，系统会弹出【扫描实体】对话框，如图 7-13 所示，此对话框和【实体挤出的设置】对话框类似，这里不再赘述，生成的效果如图 7-12 所示。

📖　提示：封闭截面图形可以是多个，但是都要在同一平面内，扫描路径线的过渡不能导致截面图形在扫描过程中产生自交，否则会出现错误。

7.2.4 举升实体

举升实体命令可以将两个或两个以上的封闭截面图形按指定方式组合成一个三维实体，如图 7-14 所示。

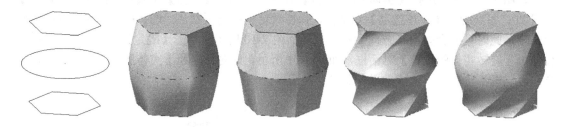

图 7-14　举升实体

以图 7-14 为例，选择【实体】/【举升实体】命令，或者单击【实体】工具栏中的【举升实体】按钮 ，系统弹出【串连选项】对话框，保持对话框中选项默认，依次选择截面图线，单击【确定】按钮 ，系统会弹出【举升实体】对话框，如图 7-15 所示。此对话框和【实体挤出的设置】对话框类似，对话框中有一个【以直纹方式产生实体】选项，选中该项时，实体将以直纹方式生成，不选该项时，则以光滑方式生成。

图 7-15　【举升实体】对话框

提示：该命令使用的时候，选择截面图形的选择点和方向非常重要，如果不想生成的实体扭曲，则选择点的位置和方向都必须一致，否则会出现错误。

7.3 创建实体基本实例

本节我们以几个具体的实例来进一步介绍一下 Mastercam X6 中常用的实体创建命令的具体用法、操作步骤及注意事项。

7.3.1 实例 创建烟灰缸

在该实例中，我们主要运用【挤出实体】命令来创建一个带斜度的烟灰缸实体造型，如图 7-16 所示。

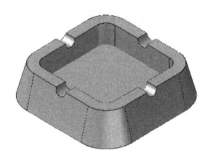

图 7-16 烟灰缸造型

操作步骤

[1] 首先绘制烟灰缸的截面图形，单击【顶视图】按钮，切换到顶视图方向，利用【矩形】命令，绘制如图 7-19（a）所示的平面图形，已知两正方形边长分别为 "10.0" 和 "8.0"；然后利用【倒圆角】命令为两正方形倒圆角，圆角半径分别为 "2.0" 和 "1.0"，如图 7-19（b）所示。

[2] 单击【轴测图】按钮，切换到轴测图方向，选择【实体】/【挤出实体】命令，在弹出【串连选项】对话框的时候，保持参数不变，选择带圆角的大正方形，单击【确定】按钮，系统会弹出【实体挤出的设置】对话框，设置挤出方向如图 7-19（c）所示，在【挤出操作】选项组中设置【创建主体】方式，【拔模】选项组中设置【朝外】，【角度】为 "15.0"，在【挤出的距离/方向】选项组中设置【距离】为 "3.0"，如图 7-17 所示，单击【确定】按钮，结果如图 7-19（d）所示。

[3] 重复上一步的【挤出实体】命令，不同之处是选择带圆角的小正方形，在弹出的【实体挤出的设置】对话框中，如图 7-18 所示设置【切割实体】方式，不设置【拔模】斜度，挤出方向向下，【距离】设置为 "2.0"，生成的图形如图 7-19（e）所示。

图 7-17 创建主体参数设置

图 7-18 切割实体参数设置

[4] 切换到【左视图】方向，绘制如图 7-19（f）所示的小圆，选择【挤出实体】命令，选择小圆，在弹出的【实体挤出的设置】对话框中，选择【切割实体】方式，【挤出的距离/方向】选项组中设置【全部贯穿】，根据小圆的位置，有时候还要设置【两边同时延伸】选项，单击【确定】按钮 ✓ ，结果如图 7-19（g）所示。

[5] 切换到【左视图】方向，重复上一步的操作，结果如图 7-19（h）所示。

[6] 选择【屏幕】/【隐藏图素】命令，隐藏多余的图线，最终结果如图 7-16 所示。

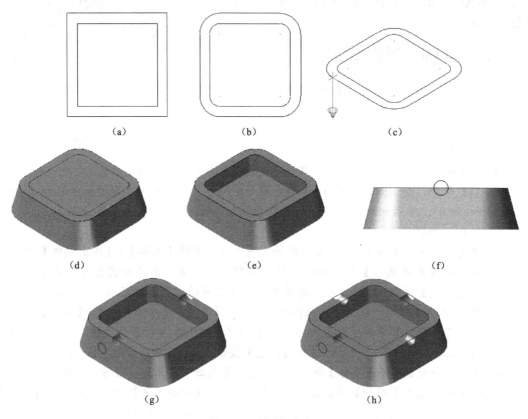

（a）　　　　　　　　　（b）　　　　　　　　　（c）

（d）　　　　　　　　　（e）　　　　　　　　　（f）

（g）　　　　　　　　　　　　　　（h）

图 7-19　创建烟灰缸

7.3.2　实例　创建阶梯轴

利用【实体旋转】命令创建如图 7-20 所示的阶梯轴。

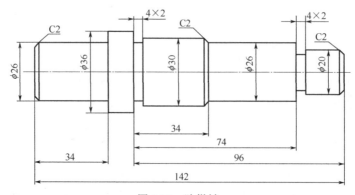

图 7-20　阶梯轴

操作步骤

[1] 切换到【前视图】方向，选择【绘图】/【绘线】/【绘制任意线】命令，将【长度】锁定为 "142.0"，绘制一条水平线，如图 7-21 所示。

[2] 利用【绘制任意线】命令，按照给定尺寸依次将【长度】锁定绘制轮廓线，结果如图 7-22 所示。

[3] 选择【绘图】/【倒角】/【倒角】命令，在弹出的【倒角】操作栏中，设置倒角【距离】为 "2.0"，将所绘图线进行倒角处理，结果如图 7-23 所示。

[4] 选择【实体】/【实体旋转】命令，系统弹出【串连选项】对话框，保持默认的参数设置，选择封闭的串连图形，选择完成单击【确定】按钮 ✓ ，系统会弹出【方向】对话框，如图 7-24 所示。此时选择旋转轴线，单击【确定】按钮 ✓ ，系统会弹出【旋转实体的设置】对话框，如图 7-25 所示，设置【创建主体】,【起始角度】为 "0.0",【终止角度】为 "360.0"，单击【确定】按钮 ✓ ，结果如图 7-26 所示。

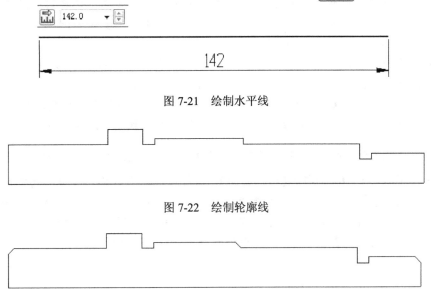

图 7-21　绘制水平线

图 7-22　绘制轮廓线

图 7-23　绘制倒角

图 7-24　【方向】对话框

图 7-25　【旋转实体的设置】对话框

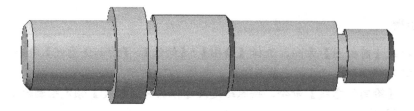

图 7-26　创建轴

7.3.3　实例　创建手机套

该实例要求利用扫描命令创建如图 7-27（d）所示的 IPHONE 手机套。

操作步骤

[1]　首先绘制皮套曲面的截面图形，单击【前视图】按钮，切换到前视图方向，利用【绘制任意线】命令、【串连补正】命令和【倒圆角】命令，按照给定尺寸绘制如图 7-27（a）所示的平面图形。

[2]　然后绘制皮套曲面的扫描路径图形，单击【顶视图】按钮，切换到顶视图方向，选择【绘图】/【矩形形状设置】，按照给定尺寸绘制如图 7-27（b）所示图形。

[3]　调整视角，使用【平移】命令，移动截面图形使之与路径图形相交，单击【等视图】（轴测图）按钮，切换到轴测图方向，显示结果如图 7-27（c）所示。

　　提示：截面图形和路径图形不相交也可以生成扫面曲面，但是会导致生成的扫描曲面尺寸不准确。

[4]　选择【绘图】/【曲面】/【扫描曲面】，选择截面图形，单击【串连选项】对话框中的【确定】按钮，接着选择路径图形（用串连方式），再次单击【串连选项】对话框中的【确定】按钮即可，此时弹出【扫描实体】对话框，如图 7-28 所示，单击【确定】按钮，最终结果如图 7-27（d）所示。

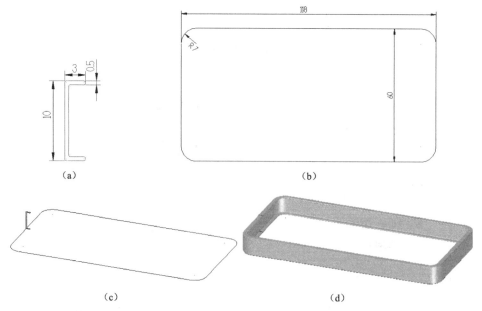

（a）　　　　　　　　　　　　　　　　　（b）

（c）　　　　　　　　　　　　　　　　　（d）

图 7-27　创建 IPHONE 皮套

图 7-28　【扫描实体】对话框

7.3.4　实例　创建车标

利用【扫描实体】命令创建如图 7-29 所示的车标。

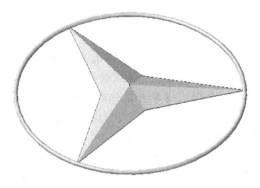

图 7-29　车标

🐴 操作步骤

[1] 切换到【顶视图】方向，选择【绘图】/【多边形】命令，系统弹出【多边形选项】对话框，设置边数为 "3"，半径为 "5.0"，如图 7-30 所示，并且锁定原点作为中心点，绘制一个正三角形，如图 7-33（a）所示。

[2] 使用【绘制任意线】命令，分别捕捉原点和三角形各边的中点，绘制三条直线，如图 7-33（b）所示。

[3] 重复使用【绘制任意线】命令，分别捕捉刚绘制的三条线的中点和三角形顶点，绘制三条直线，如图 7-33（c）所示。

[4] 使用【修建/打断/延伸】命令结合 Delete 键，将图形修剪成如图 7-33（d）所示。

[5] 选择【转换】/【比例缩放】命令，框选所有图线，单击【结束选择】按钮🔘，此时会弹出【比例缩放选项】对话框，选择【复制】方式，将【比例因子】设置为一个比较小的数值，如图 7-31 所示，捕捉原点作为基准点，单击【确定】按钮✓，结果如图 7-33（e）所示（为了清晰，本图做了适当放大）。

[6] 选择【转换】/【平移】命令，系统弹出【串连选项】对话框，选择上一步生成的小多边形，单击【结束选择】按钮🔘，此时会弹出【平移选项】对话框，选择【移动】方式，在【直角坐标】选项组中设置【Z】值为 "1.0"，如图 7-32 所示，单击【确定】按钮✓，将小多边形沿着 Z 方向移动一定距离。

图 7-30 【多边形选项】对话框　　　图 7-31 【比例缩放选项】对话框　　　图 7-32 【平移选项】对话框

[7]　选择【实体】/【举升实体】命令，系统弹出【串连选项】对话框，保持对话框中选项默认，依次选择截面图线，注意选择点的位置要一致，否则会出现扭曲，单击【确定】按钮 ✓ ，系统会弹出【举升实体的设置】对话框，选中【以直纹方式产生实体】选项，单击【确定】按钮 ✓ ，结果如图 7-33（f）所示。

[8]　选择【绘图】/【绘弧】/【三点画圆】命令，依次捕捉三个顶点绘制一个大圆作为路径线，结果如图 7-33（g）所示。

[9]　切换到【右视图】方向，捕捉一个顶点为圆心，绘制一个小圆作为截面线，如图 7-33（h）所示。适当切换一下视角，如图 7-33（i）所示。

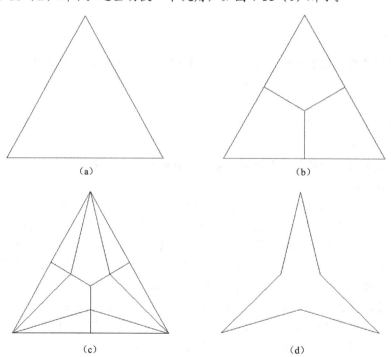

（a）　　　　　　　　　　　　　　　（b）

（c）　　　　　　　　　　　　　　　（d）

图 7-33　创建车标

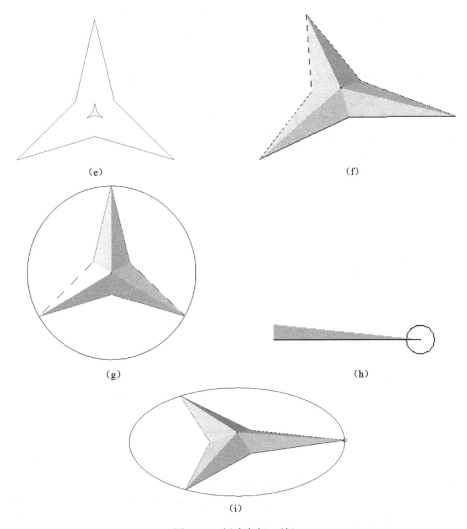

图 7-33　创建车标（续）

[10] 选择【绘图】/【曲面】/【扫描曲面】，选择截面小圆，单击【串连选项】对话框中的【确定】按钮 ![对勾]，接着选择路径图形（用串连方式），再次单击【串连选项】中的【确定】按钮 ![对勾] 即可，此时弹出【扫描实体】对话框，单击【确定】按钮 ![对勾]，最终结果如图 7-29 所示。

7.4　综合实例

本节我们利用一个较为复杂的实例来学习综合运用实体创建命令来创建实体的操作过程及注意事项。

7.4.1　实例　创建凉水杯

综合运用创建实体命令绘制如图 7-34 所示凉水杯，尺寸自定。

操作步骤

[1] 切换到【顶视图】方向，绘制如图 7-36（a）所示的两个封闭图形，注意外面的封

闭图形应比里面的圆稍高，切换到【轴测图】方向，如图 7-36（b）所示。

[2] 选择【转换】/【串连补正】命令，分别绘制两封闭图形的补正曲线，如图 7-36（c）
所示。

[3] 选择【实体】/【举升实体】命令，分别选择外面的两个封闭图形，生成实体如
图 7-36（d）所示。

[4] 选择【实体】/【举升实体】命令，分别选择里面的两个封闭图形，在弹出的【举
升实体的设置】对话框中选择【切割实体】方式，如图 7-35 所示，生成实体如图
如 7-36（e）所示。

图 7-34　凉水杯　　　　　　　　　　图 7-35　【举升实体的设置】对话框

[5] 切换到【前视图】方向，绘制平面图形，如图 7-36（f）所示。

[6] 选择【屏幕】/【隐藏图素】命令，将前面生成的举升实体隐藏；然后结合【单体补
正】命令、【圆弧】命令和【修剪】命令，绘制出如图 7-36（g）所示的封闭串连图
形和轴线。

[7] 选择【实体】/【实体旋转】命令，依次选择封闭的串连图素和轴线，生成如图 7-36（h）
的图形。

[8] 选择【屏幕】/【恢复隐藏的图素】命令，将前面隐藏的举升实体恢复显示，结果如
图 7-36（i）所示。

[9] 切换到【前视图】方向，利用【手动画曲线】命令绘制一条曲线，如图 7-36（j）
所示。

[10] 隐藏前面生成的所有实体和其他图线，切换到【左视图】方向，在曲线顶端绘制一
个小圆，重新切换到【轴测图】方向，如图 7-36（k）所示。

[11] 选择【实体】/【扫描实体】命令，以小圆为截面图形，曲线为路径图形，生成一个
扫描实体，如图 7-36（l）所示。

[12] 将前面隐藏的实体恢复显示，最终结果如图 7-36（m）所示。

📖　提示：本实例省略了每个命令的具体操作步骤，读者可根据需要查询前面章节的内容，这里不再
赘述。

（a）　　　　　　　　（b）　　　　　　　　（c）

（d）　　　　　　　　（e）　　　　　　　　（f）

（g）　　　　（h）　　　　（i）　　　　（j）

（k）　　　　　　　　（l）　　　　　　　　（m）

图 7-36　凉水杯创建过程

7.4.2 实例 创建木工凿

综合运用创建实体命令绘制如图 7-37 所示的木工凿实体造型。

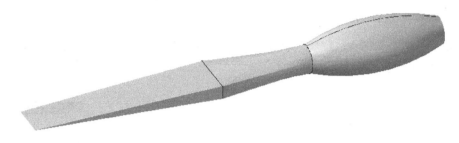

图 7-37 木工凿

操作步骤

[1] 切换到【前视图】方向,参考如图 7-39(a)所示尺寸绘制一个平面图形,圆弧的尺寸自定。

[2] 选择【实体】/【旋转】命令,系统弹出【串连选项】对话框,选择所有图形,单击【确定】按钮 ✓,选择水平线为旋转轴线,系统弹出【方向】对话框,单击【确定】按钮 ✓,系统弹出【旋转实体的设置】对话框,选择【创建实体】方式,【旋转角度】设置为"360.0",单击【确定】按钮 ✓,生成实体如图 7-39(b)所示。

[3] 切换到【右视图】方向,以原点为中心绘制一个矩形,结果如图 7-39(c)所示。切换到【前视图】方向,矩形的位置如图 7-39(d)所示。

[4] 选择【转换】/【平移】命令,框选矩形,单击【结束选择】按钮 🔘,此时会弹出【平移选项】对话框,选择【移动】、【从一点到另一点】方式,将矩形沿着水平方向左移一段距离,单击【确定】按钮 ✓,结果如图 7-39(e)所示。

[5] 选择【绘图】/【曲线曲面】/【单一边界】命令,在图 7-39(f)中 1 号圆处,生成一个边界小圆图形。

[6] 选择【编辑】/【修剪/打断】/【打成若干段】命令,选择图 7-39(f)中 2 号所指的矩形边线,在弹出的【打成若干段】操作栏中将【数量】设置为"2.0",使得边线在中点处打断。本步骤的目的是为了下一步举升操作时可以使起始点位置一致。

[7] 选择【实体】/【举升】命令,依次选择图 7-39(f)中的 1、2 截面线,注意选择点的位置要一致(一般选择正上方的点),生成举升实体如图 7-39(g)所示。

[8] 选择【实体】/【挤出实体】命令,在弹出【串连选项】对话框时,保持参数不变,选择最左端的矩形,单击【确定】按钮 ✓,系统会弹出【挤出串连】对话框,在【挤出操作】选项组中设置【创建主体】方式,【拔模】选项组中设置【角度】为"2.0",在【挤出的距离/方向】选项组中设置【距离】为"20.0",如图 7-38 所示,单击【确定】按钮 ✓,结果如图 7-37 所示。

图 7-38 【挤出串连】对话框

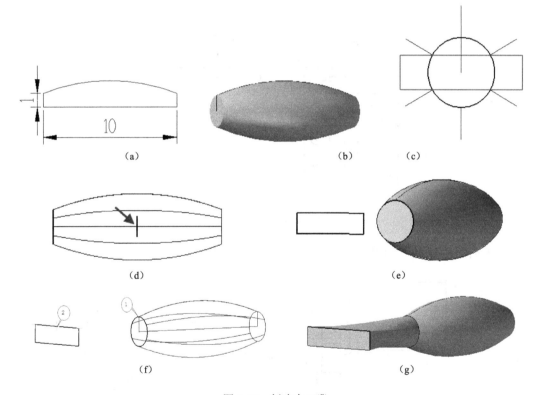

图 7-39 创建木工凿

7.5 课后练习

1．思考题

（1）常见三维实体的创建方法有哪些？

（2）基本三维实体和基本三维曲面有什么异同点？

（3）简述举升实体的具体实现步骤。

2．上机题

（1）根据如图 7-40 所示的二维图创建三维实体造型。

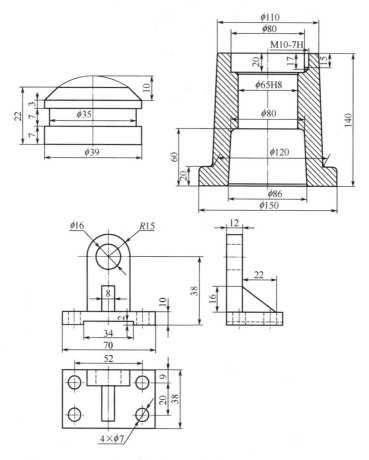

图 7-40　二维图

（2）根据图 7-41 所示的尺寸创建曲轴的三维实体造型。

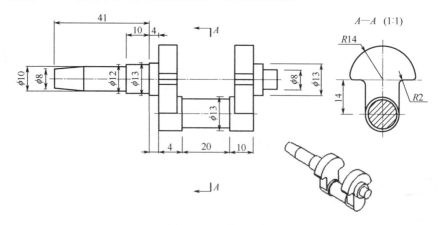

图 7-41　曲轴二维图

第8章 三维实体编辑

仅仅利用第7章的实体创建命令往往不能创建出一个真实零部件实体造型，经常要对实体再进行编辑和修改，如倒角、抽壳、修剪、加厚及集合运算等操作，本章将对这一类命令进行具体的介绍。

【学习要点】

- 常用实体编辑命令。
- 常用实体集合运算命令。
- 实体管理器的使用。

8.1 基本命令简介

三维实体编辑菜单及工具栏如图 8-1 所示。我们主要讲述倒圆角、倒角、实体抽壳、实体修剪、薄片加厚、牵引实体等常用实体编辑命令的基本用法。

图 8-1　实体编辑命令菜单及工具栏

8.1.1　倒圆角

Mastercam X6 中的实体倒圆角命令主要有两种方式。

1．实体倒圆角

【实体倒圆角】命令是在一个实体上按指定的半径给选中的图素构建一个圆弧面，该圆弧面和相邻的两个面相切，在倒外圆角时会去除边角上的材料，在倒内圆角时会增加材料。倒圆角命令可以使零件边角光滑过渡，这种结构在真实零部件中是十分常见的。

根据倒圆角的大小确定圆角的半径，在任何边上可使用常数半径，或使用可变半径进行倒圆角，可以通过拾取实体边线、实体面、实体主体等方式倒圆角。如图 8-2 所示分别为采用常数倒圆角和可变半径倒圆角的实例。

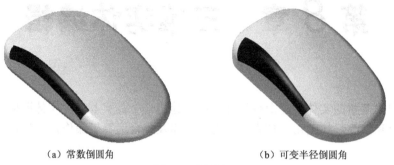

(a) 常数倒圆角   (b) 可变半径倒圆角

图 8-2　倒圆角

选择【实体】/【倒圆角】/【实体倒圆角】命令，在如图 8-3 所示的【标准选择】工具栏上，可以单击相应的选择方式来选择需倒圆角的图素。选择完成后，单击【结束选择】按钮，系统会弹出【倒圆角参数】对话框，如图 8-4 所示。

选　选　选　背　选　验
择　择　择　面　择　证
边　面　主　选　上
界　　　体　次　择

图 8-3　【标准选择】工具栏

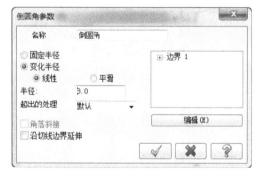 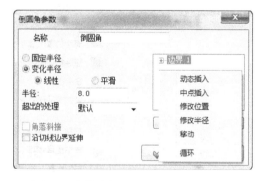

图 8-4　固定半径【倒圆角参数】对话框   图 8-5　变化半径【倒圆角参数】对话框

如果倒圆角是固定半径，可在【倒圆角参数】对话框中选中【固定半径】选项，然后给定【半径】值，设置相应选项后，单击【确定】按钮　　即可。

如果倒圆角是可变半径，可在【倒圆角参数】对话框中选中【变化半径】选项，此时右边【编辑】选项组被激活，单击【编辑】会出现，如图 8-5 所示的对话框。例如，执行【中点插入】命令，然后在绘图区选取中点插入的轮廓线，输入需变化的半径值，即可获得可变半径倒圆角的效果。

执行【实体倒圆角】命令时，以选择边的方式选择图素时可以进行变化半径倒圆角，以选择面或形体的方式时只能进行固定半径倒圆角。

下面罗列一下【变化半径】状态下，【编辑】快捷菜单项目。

（1）动态插入：在已选取的倒角边线上，通过移动光标来改变插入位置。

（2）中点插入：在已选取边的中点插入新半径关键点。

（3）修改位置：在不改变端点和交点的情况下，改变已选取边上新半径的位置。

（4）修改半径：修改指定点处的半径值。

（5）移动：移动两端点间的半径点。

（6）循环：循环显示并编辑各半径关键点。

2．面与面倒圆角

【面与面倒圆角】命令是在同一实体的两组面之间形成圆滑过渡，该命令和【实体倒圆角】命令以选择边的方式生成的圆角是类似的。

选择【实体】/【倒圆角】/【面与面倒圆角】命令，选择需倒圆角的第一个面或第一组面，单击【结束选择】按钮 。接着选择倒圆角的第二个面或第二组面，单击【结束选择】按钮 ，系统弹出【实体的面与面倒圆角参数】对话框，如图 8-6 所示。对话框内选项和【倒圆角参数】对话框类似，所不同的是倒圆角方式有 3 种：【半径】、【宽度】和【控制线】方式。

图 8-6 【实体的面与面倒圆角参数】对话框

> 📖 提示：【实体倒圆角】命令和【面与面倒圆角】命令都是只能在一个实体内进行操作，如果不同实体之间倒圆角，先利用【布尔运算-结合】命令将两实体结合后再操作。

8.1.2 倒角

【倒角】命令和【倒圆角】命令类似，不同之处是产生的过渡是尖角，Mastercam X6 提供了 3 种倒角方式，如图 8-7 所示。

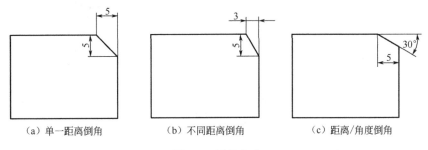

（a）单一距离倒角　　　　（b）不同距离倒角　　　　（c）距离/角度倒角

图 8-7 倒角方式

1．单一距离倒角

【单一距离倒角】命令就是以单一的距离方式创建实体倒角，使用该方式时，选择对象允许是边界线、面和实体。

2．不同距离倒角

【不同距离倒角】命令就是以输入两个距离的方式创建实体倒角，使用该方式时，选择对象允许是边界线和面。

3．距离/角度倒角

【距离/角度倒角】命令就是以输入一个距离和一个角度的方式创建实体倒角，使用该方式时，选择对象允许是边界线和面。

> 📖 提示：使用【距离/角度倒圆角】命令时，要选取参考平面（一般是和倒角垂直的面），否则无法生成倒角。

3 种倒角方式的【实体倒角参数】对话框如图 8-8 所示。

（a）单一距离　　　　　　　　（b）不同距离　　　　　　　　（c）距离/角度

图 8-8　3 种方式的【实体倒角参数】对话框

8.1.3　实体抽壳

【实体抽壳】命令可以挖空实体，一般选择实体上的某个表面作为开口，可以生成一个在指定面上开口的薄壳实体，如图 8-9 所示。

选择【实体】/【实体抽壳】命令，在实体表面选择开放面，选择完成后，单击【结束选择】按钮，系统会弹出【实体抽壳】对话框，如图 8-10 所示。可以在对话框中设置【朝内】、【朝外】、【两者】方式以确定抽壳的方向，然后设置抽壳的厚度，单击【确定】按钮即可。

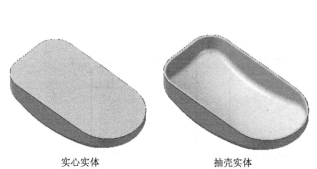

实心实体　　　　　　抽壳实体

图 8-9　实体抽壳示例

图 8-10　【实体抽壳】对话框

8.1.4 实体修剪

【实体修剪】命令就是用平面、曲面或薄壁实体来切割实体，可以保留切割实体的一部分，或者两部分都保留。

选择【实体】/【实体修剪】命令，选择需修剪的实体，选择完成后，单击【结束选择】按钮，系统会弹出【修剪实体】对话框，如图8-11所示。

1．修剪到平面

如果选择修剪到【平面】，系统会弹出【平面选择】对话框，如图8-12所示，对话框内的参数选择完成后，单击【确定】按钮，接着单击【修剪实体】对话框的【确定】按钮即可。平面修剪实体的示例如图8-13所示。

图8-11 【修剪实体】对话框

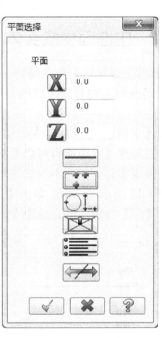

图8-12 【平面选择】对话框

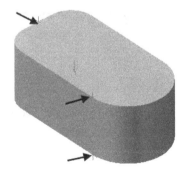

图8-13 平面修剪实体的示例

2．修剪到曲面

如果选择修剪到【曲面】，则不会弹出别的对话框，此时单击【确定】按钮即可。曲面修剪实体的示例如图8-14所示。

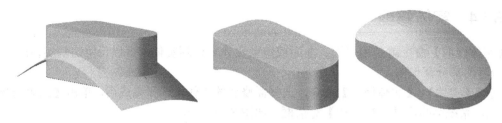

图 8-14　曲面修剪实体的示例

3．修剪到薄片实体

选择修剪到【薄片实体】的状况和修剪到【曲面】类似，不同之处就是需要选择一个实体而不是曲面或平面来修剪，这里不再赘述。

8.1.5　由曲面生成实体

【由曲面生成实体】命令是将一个或多个曲面转换为实体。该命令有两种形式：如选取曲面为封闭曲面，则转换生成的是封闭实体；如选取曲面为开放式曲面，则生成的是薄片实体。

选择【实体】/【由曲面生成实体】命令，系统会弹出曲面转为实体对话框，如图 8-15 所示。如果勾选【使用所有可以看见的曲面】选项，无须选择曲面，系统会自动将绘图区所有曲面转换成实体。如果不勾选该项，系统会提示选择需转换的曲面。选择完成后，系统会弹出如图 8-16 所示对话框。单击【是】按钮，则需指定颜色，然后单击【确定】按钮 ✔ 即可。单击【否】按钮，则完成命令。

图 8-15　【曲面转为实体】对话框

图 8-16　边界曲线选项

8.1.6　薄片实体加厚

【薄片实体加厚】命令使由曲面生成的没有厚度的实体加厚以变成有厚度的真正实体，如图 8-17 所示。

选择【实体】/【薄片实体加厚】命令，选择需加厚的薄片实体，单击【结束选择】按钮 ，系统会弹出【增加薄片实体的厚度】对话框，如图 8-18 所示。设定好需增加的厚度以及加厚方向，单击【确定】按钮 ✔ 即可。

图 8-17　薄片加厚实体示例　　　　　　图 8-18　【增加薄片实体的厚度】对话框

📖 提示:【薄片加厚实体】命令只能用于由面生成的没有厚度的实体, 不能作用于曲面或实体。

8.1.7　移除实体面

【移除实体面】命令是将实体的某一表面移除, 以形成一个开口的薄壁实体, 如图 8-19 所示。该命令一般用于删除有问题的面或需要修改的面。

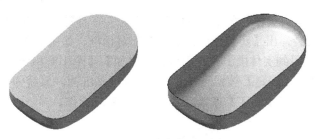

图 8-19　移除实体面示例

选择【实体】/【移除实体面】命令, 选择需移除的表面, 单击【结束选择】按钮🔘, 系统弹出【移除实体表面】对话框, 如图 8-20 所示。单击【确定】按钮✔, 系统会弹出如图 8-21 所示对话框。单击【确定】按钮, 系统又会弹出【颜色】对话框, 用于设置边界曲线的颜色, 如图 8-22 所示, 单击【确定】按钮✔即可。

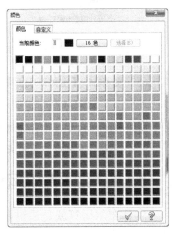

图 8-20　【移除实体表面】对话框　　　图 8-21　绘制边界选择　　　图 8-22　【颜色】对话框

8.1.8 牵引实体

【牵引实体】命令和拔模操作类似，定义一个角度和方向以创建一个斜度或锥度面。该命令可拔模任何实体面，不管实体是 Mastercam X6 建立的，还是别的软件创建后导入的。当牵引一个实体面时，邻接曲面被延伸或修剪成一个新的曲面，牵引实体示例如图 8-23 所示。

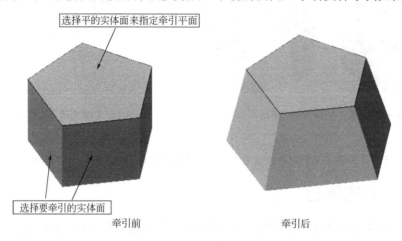

选择平的实体面来指定牵引平面

选择要牵引的实体面

牵引前　　　　　　　　　牵引后

图 8-23　牵引实体示例

选择【实体】/【牵引实体】命令，然后在绘图区选取需要牵引的实体表面，单击【结束选择】按钮，系统会弹出【实体牵引面的参数】对话框，如图 8-24 所示。此时，有 4 种牵引实体的方法：【牵引到实体面】、【牵引到指定平面】、【牵引到指定边界】、【牵引挤出】。设置相关选项后，单击【确定】按钮 。选择牵引基准面，系统弹出【拔模方向】对话框，如图 8-25 所示，单击【确定】按钮 ，即可完成操作。

图 8-24　【实体牵引面的参数】对话框

图 8-25　【拔模方向】对话框

> 📖 提示：对于【牵引挤出】选项，只有在选择的牵引面为挤出实体的侧面时才能被激活。使用基本实体命令生成的基本实体不能被牵引。

8.1.9 实体布尔运算

实体布尔运算就是通过两个或多个已有实体求和、求差和求交运算组合成新的实体并删除原有实体。

Mastercam X6 中的布尔运算包括【布尔运算-结合】、【布尔运算-切割】、【布尔运算-交集】及【非关联实体的布尔运算】等方式。

1. 布尔运算-结合

【布尔运算-结合】命令是指将已存在的实体（两个或两个以上、且部分重合）合并成为一个实体的操作方法。

选择【实体】/【布尔运算-结合】命令，然后在绘图区选取一个实体作为目标实体，接着一次选取一个或多个实体作为工件实体，按 Enter 键确认即可完成操作。

2. 布尔运算-切割

【布尔运算-切割】命令是对实体进行修剪，其大小和形状取决于两个实体间公共的部分。

选择【实体】/【布尔运算-切割】命令，然后在绘图区选取一个实体作为目标实体，接着一次选取一个或多个实体作为工件实体，按 Enter 键确认即可完成操作。【布尔运算-切割】命令示例如图 8-26 所示。

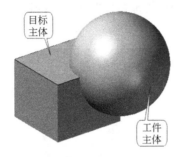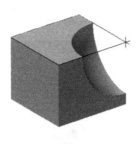

图 8-26 【布尔运算-切割】命令示例

3. 布尔运算-交集

【布尔运算-交集】命令是获得两个实体的公共部分。

选择【实体】/【布尔运算-交集】命令，然后在绘图区选取一个实体作为目标实体，接着一次选取一个或多个实体作为工件实体，按 Enter 键确认即可完成操作。【布尔运算-交集】命令示例如图 8-27 所示。

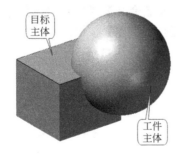

图 8-27 【布尔运算-交集】命令示例

4. 非关联实体的布尔运算

【非关联实体的布尔运算】命令和前面布尔运算的主要区别是目标实体和工件实体可以选择是否保留。

【非关联实体的布尔运算】命令包括【切割】和【交集】两种操作，其菜单如图 8-28 所示。其对话框如图 8-29 所示，其操作步骤和前面类似，这里不再赘述。

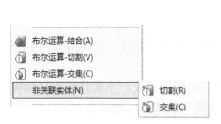

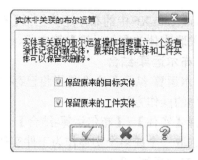

图 8-28 【非关联实体】菜单　　　　　　　图 8-29 【实体非关联的布尔运算】对话框

8.1.10　操作管理器

在 Mastercam X6 绘图区左侧有一个操作管理器，包括【刀具路径】和【实体管理器】。
【实体管理器】将实体模型的创建过程按顺序记录下来。在这里可以对实体的相关参数进行编
辑修改，并对实体创建的顺序进行重新排列。操作管理器如图 8-30 所示。

图 8-30　操作管理器

单击每一个实体的【参数】选项卡，会弹出相应实体的设置对话框，如图 8-31 所示。可
以在里面重新修改实体生成时的相关参数，设置完成后，单击【实体】操作管理器上的【全
部重建】按钮，即可使得实体按照新的参数重新生成。

此外，可以在【实体】操作管理器的某一实体选项卡上右击，会弹出快捷菜单，如图 8-32
所示。可以利用该菜单方便地进行【删除】、【重新命名】、【复制实体】等操作。但是要记得
操作完成后要单击【实体】操作管理器上的【全部重建】按钮。

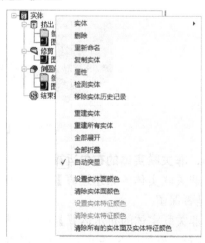

图 8-31 【实体操作】管理器参数修改菜单　　　　图 8-32 【实体操作】管理器右键菜单

在默认情况，下操作管理器的窗口是打开的，可以根据需要随时关闭或重新打开，方法是选择【视图】/【切换操作管理】命令，或按下快捷键【ALT+O】。

8.2 实体编辑实例

本节我们以实例的方式来进一步学习实体编辑中常见的各种命令的具体用法、操作步骤及注意事项。

8.2.1 实例　鼠标实体倒圆角

在该实例中，我们主要运用【实体倒圆角】命令来将一个鼠标实体造型的上表面分别进行等半径圆角处理和变半径圆角处理。

操作步骤

1. 等半径圆角处理

[1] 首先打开已建好的实体鼠标造型，如图 8-33（a）所示。

[2] 选择【实体】/【倒圆角】/【倒圆角】命令，系统提示选择需倒圆角的图素。如果此时是对鼠标的顶面进行倒圆角处理，则在如图 8-34 所示的【标准选择】工具栏中选中【选择实体面】按钮（其他选择按钮最好处于非选状态）。然后选择鼠标顶的曲面，如图 8-33（b）所示。

[3] 选择完成后，单击【结束选择】按钮，此时系统会弹出【倒圆角参数】对话框，如图 8-35 所示。在对话框里设置合适的圆角半径及其他参数，单击【确定】按钮即可，结果如图 8-33（c）所示。

2. 变半径圆角处理

[1] 如果要对鼠标顶部曲面进行变半径倒圆角，则需在【标准选择】工具栏内选中【选择主体边界】按钮（其他选择按钮最好处于非选状态），然后选择鼠标顶部曲面的边界线，如图 8-33（d）所示。

[2] 单击【结束选择】按钮，此时系统仍旧会弹出【倒圆角参数】对话框，在对话框里选择【变化半径】，然后在对话框右侧的编辑窗口中对应图 8-33（e）中箭头所指的关键点，设置合适的圆角半径，如图 8-36 所示。单击【确定】按钮即可，结果如图 8-33（f）所示。

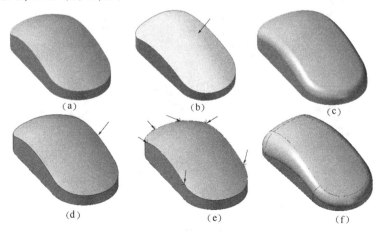

（a）　　　　　　　　（b）　　　　　　　　（c）

（d）　　　　　　　　（e）　　　　　　　　（f）

图 8-33　鼠标顶面倒圆角

图 8-34 【标准选择】工具栏

图 8-35 设置等半径圆角参数

图 8-36 设置变半径圆角参数

8.2.2 实例 鼠标抽壳造型

利用【实体抽壳】命令将鼠标造型变为薄壳实体。

操作步骤

[1] 打开前面的鼠标实体造型文件，如图 8-37（a）所示。

[2] 调整视角到烟灰缸底面可见，如图 8-37（b）所示。选择【实体】/【实体抽壳】命令，系统提示:【请选择要保留开启的主体或面】，此时选择烟灰缸的底面，选择完成后单击【结束选择】按钮，此时系统会弹出【实体抽壳】对话框，如图 8-37（c）所示。设置好薄壳生成的方向及厚度，单击【确定】按钮 ✓ ，结果如图 8-37（d）所示。

> 📖 提示:【实体抽壳】命令中，厚度的大小一定要合适，即大小要避免使得实体抽壳计算产生自交的错误。

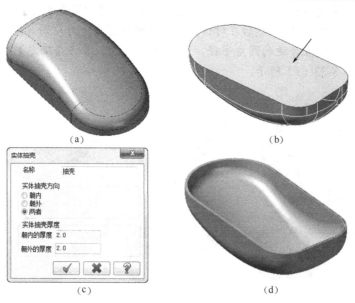

图 8-37 烟灰缸抽壳

8.2.3 实例 叶轮叶片加厚

利用【薄片实体加厚】命令将前面创建的叶轮曲面的叶片加厚。

操作步骤

[1] 打开前面的叶轮曲面造型文件，如图 8-38（a）所示。

[2] 将叶轮曲面顶端放大显示，如图 8-38（b）所示。选择【实体】/【由曲面生成实体】命令，此时系统会弹出【曲面转为实体】对话框，不勾选【使用所有可以看见的曲面】复选框，如图 8-39 所示。单击【确定】按钮 ，然后依次选取 5 个叶片曲面，选择完成后单击【结束选择】按钮 ，系统弹出如图 8-40 所示对话框，单击【否】按钮即可。

> 📖 提示：此时造型没有改变，但是叶片已经由曲面转换为薄片实体了。

[3] 选择【实体】/【薄片实体加厚】命令，选择其中一个叶片，系统会弹出【增加薄片实体的厚度】对话框，如图 8-41 所示。设置【厚度】及【方向】，单击【确定】按钮 ，系统会弹出【厚度方向】对话框，如图 8-42 所示，单击【确定】按钮 即可。

[4] 重复上一步的操作，依次对另外的叶片加厚，最终结果如图 8-38（c）所示。

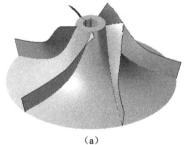
（a）

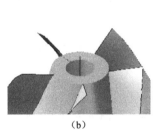
（b）

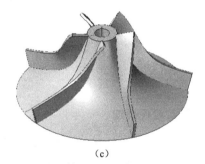
（c）

图 8-38 叶轮叶片加厚

图 8-39 【曲面转为实体】对话框

图 8-40 【绘制边界曲线】对话框

图 8-41 【增加薄片实体的厚度】对话框　　　　图 8-42 【厚度方向】对话框

8.2.4 实例　创建鼠标凹模

利用【布尔运算】命令创建一个鼠标凹模，如图 8-43 所示。

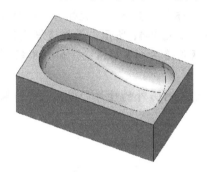

图 8-43　鼠标凹模

操作步骤

[1] 打开前面创建好的鼠标实体，如图 8-44（a）所示。

[2] 单击【俯视图】按钮，将视角切换到俯视图方向，选择【绘图】/【矩形】命令绘制一个比鼠标大一些的矩形，如图 8-44（b）所示。

[3] 选择【实体】/【挤出】命令，系统弹出【串连选项】对话框，选择绘制的矩形，单击【确定】按钮，系统弹出【挤出串连】对话框。设置好距离及方向，单击【确定】按钮，适当切换视角，结果如图 8-44（c）所示。

[4] 选择【实体】/【布尔运算-切割】命令，选择长方体为【目标主体】，选择鼠标实体为【工件主体】，选择完成后单击【结束选择】按钮，即可生成鼠标凹模，适当切换视角，结果如图 8-43 所示。

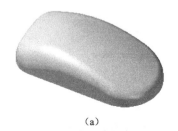
（a）

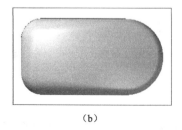
（b）

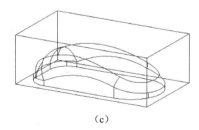
（c）

图 8-44　创建鼠标凹模

8.2.5　实例　利用实体管理器编辑实体

利用【实体管理器】编辑修改轮毂辐板的数量。

操作步骤

[1]　打开轮毂实体文件（轮毂的创建见 8.3.2 节）。

[2]　单击【实体管理器】中的第一个【环形阵列】特征前面的"+"号，如图 8-45 所示。
会弹出【环形阵列】特征的子选项【参数】项，如图 8-46 所示。

[3]　单击【参数】项，即可弹出【环形阵列】对话框。可以在对话框内修改阵列的次
数，如图 8-47 所示。例如，我们将次数修改为"12"，修改完成后，单击【确定】
按钮 。

[4]　所有参数修改完成后，一定要单击【实体管理器】上部的【全部重建】按钮，如
图 8-48 所示，否则修改不会被显示。重建后的轮毂如图 8-49 所示。

图 8-45　打开子选项

图 8-46　打开【参数】选项

图 8-47　修改阵列次数

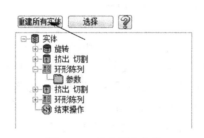

图 8-48　重建所有实体

图 8-49　重建后的轮毂

8.3 综合实例

本节用两个比较完整的实例来综合练习实体创建及编辑常用命令的综合应用方法及注意事项。

8.3.1 实例 创建连杆实体

综合运用实体创建及实体编辑命令创建如图 8-50 所示的连杆实体造型。

图 8-50 连杆实体造型

操作步骤

[1] 切换到【顶视图】方向，选择【绘图】/【绘弧】/【已知圆心点画圆】命令。分别锁定圆心为"（－70,0,0）"、直径为"φ80"和圆心为"（70,0,0）"、直径为"φ40"两个圆进行绘制，如图 8-53（a）所示。

[2] 选择【绘图】/【绘弧】/【切弧】命令，将半径锁定为"250.0"，然后依次选择两个圆，绘制两个圆的其中一侧切弧。用同样的方式，绘制对称一侧的另一切弧，结果如图 8-53（b）所示。

[3] 选择【编辑】/【修剪/打断】/【修剪/打断/延伸】命令，选择【分割物体】方式，将图形进行修剪，结果如图 8-53（c）所示。

[4] 选择【实体】/【挤出】命令，系统弹出【串连选项】对话框，串连选择所绘图形，单击【串连选项】对话框中的【确定】按钮 ✓ ，系统会弹出【挤出串连】对话框，按照如图 8-51 所示设置，单击【确定】按钮 ✓ ，结果如图 8-53（d）所示。

[5] 选择【绘图】/【绘弧】/【已知圆心点画圆】命令，捕捉右侧顶面圆心为圆心，捕捉顶面圆来确定直径绘制一个圆，如图 8-53（e）所示。

[6] 选择【实体】/【挤出】命令，系统弹出【串连选项】对话框，选择刚绘制的圆，单击【串连选项】对话框中的【确定】按钮 ✓ ，系统会弹出【挤出串连】对话框。依旧按照如图 8-51 所示设置，单击【确定】按钮 ✓ ，结果如图 8-53（f）所示。

[7] 选择【绘图】/【绘弧】/【已知圆心点画圆】命令，捕捉左侧顶面圆心为圆心，捕捉顶面圆来确定直径绘制一个圆，结果如图 8-53（g）所示。

[8] 选择【实体】/【挤出】命令，系统弹出【串连选项】对话框，选择刚绘制的圆，单击【串连选项】对话框中的【确定】按钮 ✓ ，系统会弹出【挤出串连】对话框。将【距离】设置为"20.0"，其他参数按照如图 8-51 所示设置，单击【确定】按钮 ✓ ，结果如图 8-53（h）所示。

[9] 切换到【前视图】方向，选择【绘图】/【绘线】/【绘制任意线】命令，分别捕捉

顶端 4 个关键点，绘制两条水平线，如图 8-53（i）所示。

[10] 选择【转换】/【单体补正】命令，系统弹出【补正选项】对话框，如图 8-52 所示。设置【移动方式】，【距离】为 "10.0"，选择右侧水平线，补正方向向上生成一条直线。用同样的方法将左侧水平线也向上补正一条直线，不同之处是距离设置为 "20.0"，结果如图 8-53（j）所示。

图 8-51 【挤出串连】对话框

图 8-52 【补正选项】对话框

[11] 选择【绘图】/【绘弧】/【已知圆心点画圆】命令，分别锁定两直线的中点为圆心，分别以 "φ30"、"φ60" 为直径画圆，如图 8-53（k）所示。

[12] 选择【编辑】/【修剪/打断】/【修剪/打断/延伸】命令，选择【分割物体】方式，将图形进行修剪，结果如图 8-53（1）所示。

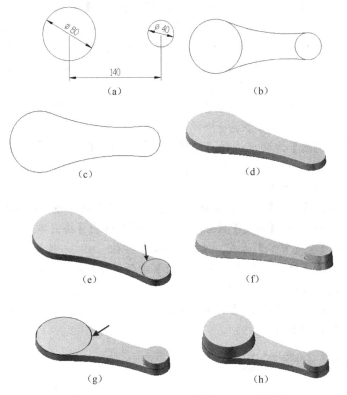

（a）   （b）

（c）   （d）

（e）   （f）

（g）   （h）

图 8-53 连杆创建过程

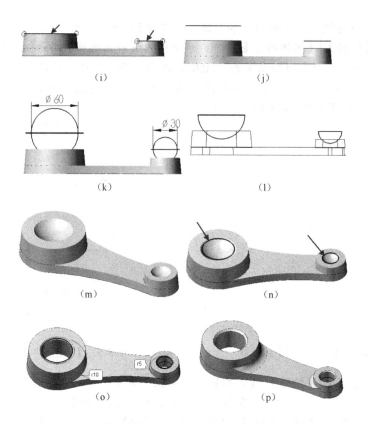

图 8-53 连杆创建过程（续）

[13] 选择【实体】/【旋转】命令，系统弹出【串连选项】对话框，选择其中一个半圆，单击【确定】按钮 ✓。然后选择直径作为旋转轴，单击【确定】按钮 ✓。最后在系统弹出的【旋转实体的设置】对话框里设置为【切割实体】方式，单击【确定】按钮 ✓，选择要被切割的实体，即可生成一侧的切割造型。用同样的方式操作另一侧，结果如图 8-53（m）所示。

[14] 选择【实体】/【布尔运算-结合】命令，依次选择所有实体。然后单击【结束选择】按钮 ，将所有实体结合成一个单一实体。

[15] 切换到【俯视图】方向，选择【绘图】/【绘弧】/【已知圆心点画圆】命令，捕捉左侧顶面的圆心为圆心，以直径"φ40"画圆，捕捉右侧顶面的圆心为圆心，以直径"φ20"画圆，结果如图 8-53（n）所示。

[16] 选择【实体】/【挤出】命令，系统弹出【串连选项】对话框，选择两个圆，单击【串连选项】对话框中的【确定】按钮 ✓，系统会弹出【挤出串连】对话框。选择【切割实体】及【全部贯穿】方式，单击【确定】按钮 ✓，结果如图 8-53（o）所示。

[17] 选择【实体】/【倒圆角】/【实体倒圆角】命令，分别以"r10"、"r5"对图 8-53（o）所示两交线倒圆角，如图 8-53（p）所示。

[18] 选择【实体】/【倒圆角】/【实体倒圆角】命令，以"r2"对其他轮廓线倒圆角，最终结果如图 8-50 所示。

8.3.2 实例 创建轮毂

综合运用实体创建及编辑命令绘制如图 8-54 所示的轮毂。

图 8-54　轮毂

操作步骤

[1]　将视角切换到【前视图】方向，参考图 8-55（a）所示的图形。绘制一个平面图形，图 8-55（a）中尺寸仅供参考，读者可以根据需要自行调整。

[2]　选择【实体】/【旋转】命令，系统弹出【串连选项】对话框，串连选择封闭的平面图形，单击【串连选项】对话框中的【确定】按钮 ✓ 。选择最下面的水平线作为旋转轴，单击【确定】按钮 ✓ ，系统弹出【旋转实体的设置】对话框，单击【确定】按钮 ✓ ，结果如图 8-55（b）所示。

[3]　将视角切换到【右视图】方向，绘制一个如图 8-55（c）所示的平面图形。

[4]　选择【实体】/【挤出】命令，系统弹出【串连选项】对话框。串连选择刚绘制的平面图形，单击【串连选项】对话框中的【确定】按钮 ✓ ，系统弹出【挤出串连】对话框。选择【切割实体】及【全部贯穿】方式，单击【确定】按钮 ✓ ，结果如图 8-56（d）所示。

[5]　选择【实体】/【实体阵列特征】/【环形阵列】命令，系统弹出【环形阵列】对话框，如图 8-56 所示。设置【次数】为"8"，勾选【完整圆周】，分别指定原始特征及中心点，单击【确定】按钮 ✓ ，即可生成阵列特征，如图 8-55（e）所示。

[6]　选择如图 8-56（f）箭头所指的平面为绘图面，绘制一个小圆。

[7]　选择【实体】/【挤出】命令，选择刚绘制的小圆，系统弹出【挤出串连】对话框。选择【切割实体】，给定一个深度值，切割生成一个小孔，结果如图 8-55（f）所示。

[8]　选择【实体】/【实体阵列特征】/【环形阵列】命令，系统弹出【环形阵列】对话框。设置【次数】为"5"，勾选【完整圆周】，分别指定原始特征及中心点，单击【确定】按钮 ✓ ，即可生成安装孔的阵列特征，如图 8-55（g）所示。

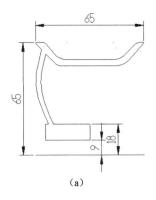

（a）

（b）

（c）

图 8-55　轮毂生成过程

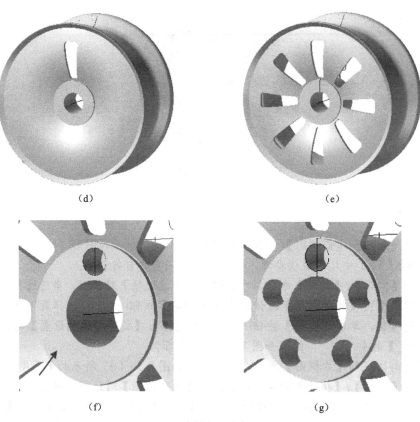

（d）　　　　　　　　　　　　　（e）

（f）　　　　　　　　　　　　　（g）

图 8-55　轮毂生成过程（续）

图 8-56　【环形阵列】对话框

8.4 课后练习

1. 思考题

（1）常用实体编辑工具有哪几种？各有何特点？

（2）如何使用实体操作管理器进行实体建模的编辑修改？

（3）实体抽壳和移动实体表面命令有何区别？

2. 上机题

（1）要求使用实体创建及编辑命令绘制出如图 8-57 所示的实体造型，尺寸自定。

图 8-57　实体造型

（2）根据如图 8-58 给定轴测图的尺寸，创建三维实体造型。

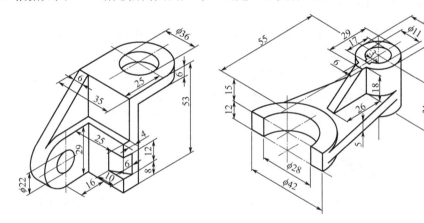

图 8-58　轴测图

第9章 加工设置及操作管理

Mastercam X6能够实现二维图形、三维曲面及线框图的加工。它具有很多加工功能和加工方式，参数也相当丰富。本章主要介绍 Mastercam X6 系统加工的一般设置方法，包括机床的选择、加工刀具的设置、加工工件的设置及操作管理的相关设置。

【学习要点】

- 机床的选择方法。
- 刀具设置方法。
- 加工工件设置方法。
- 加工操作管理。

9.1 选择加工设备

Mastercam X6 的【机床类型】包括【铣床】、【车床】、【线切割】、【雕刻】和【设计】等5个选项，如图9-1所示。各模块都包含有完整的设计（CAD）系统，其中铣削系统和车削系统的应用最广泛。铣床模块可以实现外形铣削、型腔加工、钻孔加工、平面加工、曲面加工和多轴加工等加工方式。车床模块可实现粗车、精车、切槽和车螺纹等加工方式。

图 9-1 【机床类型】选项卡

9.1.1 选择机床类型

选择【机床类型】下的子菜单，即可进入对应的加工系统。下面介绍铣床和车床两类常用的加工设备。

1. 铣床

铣削系统是 Mastercam X6 数控加工的主要组成部分，选择【机床类型】/【铣床】/【自定义机床菜单管理】，即可打开铣床列表，如图9-2所示。

铣削设备可以分为两大类：卧式铣床（主轴平行于机床台面）和立式铣床（主轴垂直于机床台面），常用设备有以下类型。

（1）MILL 3-AXIS HMC：3轴卧式铣床。

（2）MILL 3-AXIS VMC：3轴立式铣床。

（3）MILL 4-AXIS HMC：4轴卧式铣床。

（4）MILL 4-AXIS VMC：4轴立式铣床。

（5）MILL 5-AXIS TABLE- HEAD VERTICAL：5轴立式铣床。

（6）MILL 5-AXIS TABLE- HEAD HORIZONTAL：5轴卧式铣床。

（7）MILL DEFAULT：系统默认铣床。

2. 车床

选择【机床类型】/【车床】/【自定义机床菜单管理】，即可打开车床列表，如图9-3所示。

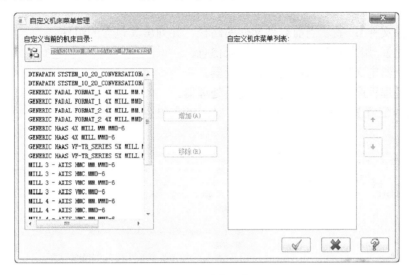

图 9-2　铣床列表

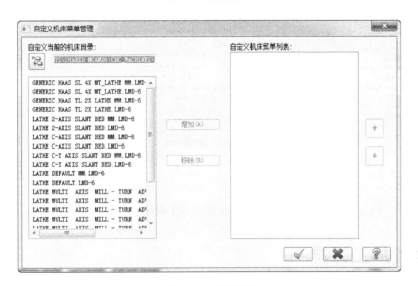

图 9-3　车床列表

常用车床设备有以下类型。

（1）LATHE 2-AXIS：两轴车床。

（2）LATHE C-AXIS MILL-TURN BASIC：带旋转台的 C 轴车床。

（3）LATHE MULTI-AXIS MILL-TURN ADVANCED 2-2：带 2-2 旋转台的多轴车床。

（4）LATHE MULTI-AXIS MILL-TURN ADVANCED 2-4-B：带 2-4-B 旋转台的多轴车床。

（5）LATHE MULTI-AXIS MILL-TURN ADVANCED 2-4：带 2-4 旋转台的多轴车床。

9.1.2　机床定义管理

选择【设置】/【机床定义管理器】命令，系统弹出如图 9-4 所示的【机床定义管理】对话框，用户可以根据需要为机床增加某种配置或功能，单击【确定】按钮 ✓ 完成配置，选项设置如下。

（1）【未使用的组件群组】：显示当前机床未使用的组件，用户可以直接双击需要添加的机床组件。

（2）【组件文件】：显示当前组件文件的路径，并列出其包含的组件。

（3）【描述】：用来简单描述当前的机床信息。

（4）【控制器定义】：用以指定机床控制器。

（5）【后处理程序】：用于指定系统的后处理器。

（6）【机器配置】：设定相应的机床类型、机床组件后，其下的列表框中将显示相应的条目。

图 9-4 【机床定义管理】对话框

9.2 设置加工刀具

利用 CAM 模块下相应的加工方式进行加工时，首先要对加工刀具进行设置。用户可以直接调用系统刀具库中的刀具，也可以修改刀具库中的刀具产生需要的刀具形式，还可以自己定义新的刀具，并将其保存起来。按照零件的加工工艺，加工通常分为多个加工步骤，需要使用多把刀具，刀具的选取对加工的效率和质量影响很大。

9.2.1 刀具管理器

选择【刀具路径】/【刀具管理】命令，系统弹出如图 9-5 所示的【刀具管理】对话框，下面分别介绍其主要选项。

1．刀具列表区

刀具列表区主要由上方的用户选定的刀具和下方的刀具库列表组成。列表框显示了刀具的主要参数：号码、刀具形式、直径补正、刀具名称、刀角半径、刀具半径形式等。

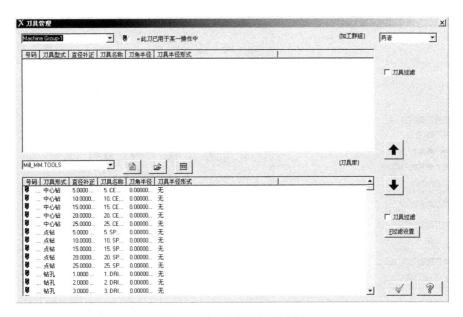

图 9-5 【刀具管理】对话框

2. 过滤器

当刀具列表中的刀具数量较多时，可以单击【刀具过滤】按钮，弹出如图 9-6 所示的【刀具过滤列表设置】对话框。

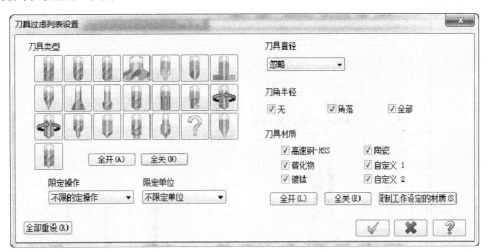

图 9-6 【刀具过滤列表设置】对话框

系统可从刀具类型、刀具直径、刀具半径、刀具材质等方面来设置过滤条件。设置好后，刀具管理器只显示满足过滤条件的刀具。

9.2.2 定义刀具

Mastercam X6 系统提供了自定义新刀具和从刀具库中选取刀具两种方式来定义刀具。

1. 自定义新刀具

在刀具栏空白区右击，系统弹出如图 9-7 所示的快捷菜单。选择【创建新刀具】命令，系统弹出如图 9-8 所示的【定义刀具】对话框。

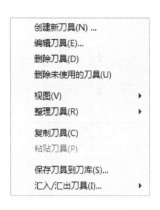

图 9-7　快捷菜单　　　　　　　　　　　　图 9-8　【定义刀具】对话框

系统提供的刀具有平底刀、球刀、圆鼻刀、面铣刀、圆角成型刀、倒角刀、槽刀、锥度刀、鸠尾铣刀、糖球形铣刀、钻头、绞刀、搪刀、右牙刀、左牙刀、中心钻、点钻、沉头钻、鱼眼孔钻、雕刻刀、雕刻钻等二十余种类型。选取刀具类型后，系统自动跳转到如图 9-9 所示的相应刀具的选项卡。

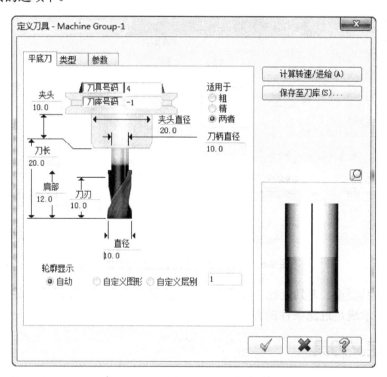

图 9-9　设置【平底刀】选项卡

不同类型刀具选项卡的内容有所不同，但其主要参数都一样。下面以"平底刀"为例来说明刀具几何参数的含义。

（1）【刀具号码】：系统自动按照创建的顺序给出刀具编号，用户也可以自行设置编号。

（2）【刀座编号】：系统自动按照创建的顺序给出刀座编号，用户也可以自行设置编号。

（3）【夹头】：设置夹头的长度。

（4）【夹头直径】：设置夹头的直径。

（5）【刀柄直径】：设置刀具的刀柄直径。

（6）【刀长】：设置刀具从刀尖到夹头底端的长度。

（7）【肩部】：用于设置刀具从刀尖到刀刃的长度。

（8）【刀刃】：设置刀具有效切削刃的长度。

（9）【直径】：设置刀具切削部分的直径。

（10）【适用于】：用来设置该刀具的使用场合。设置为"粗加工"时，只能用于粗加工。设置为"精加工"时，只能用于精加工。设置为"两者"时，在粗精加工中都可以使用。

（11）【轮廓显示】：用于设置刀具的外形，对话框右下角的图形预览窗口中会显示设置的刀具类型，包括以下3个选项。

- 【自动】：刀具外形为用户选择刀具类型的默认外形。
- 【自定义图形】：可调用外部 MCX 文件中绘制的刀具外形。
- 【自定义层别】：可调用当前文件中在制定图层上绘制的刀具外形。

设置刀具参数后，单击【保存至刀库】按钮，可以将自定义的刀具保存到刀具库中。然后单击 ✓ 按钮关闭对话框。

在如图 9-9 所示的对话框中，单击【参数】选项卡，系统弹出用于该类型刀具进行参数设置的对话框，如图 9-10 所示。用户可以设置刀具进给速率、刀具材质和冷却方式等参数，其含义如下。

图 9-10 【参数】对话框

（1）【XY 粗铣步进】：用于设置粗加工时刀具在 XY 方向上的切削深度。该值等于刀具直径乘以粗加工的进刀量。

（2）【XY 精修步进】：用于设置精加工时刀具在 XY 方向上的切削深度。该值等于刀具直径乘以精加工的进刀量。

（3）【Z向粗铣步进】：用于设置粗加工时刀具在Z方向上的切削深度。该值等于刀具直径乘以粗加工的进刀量。

（4）【Z向精修步进】：用于设置精加工时刀具在Z方向上的切削深度。该值等于刀具直径乘以精加工的进刀量。

（5）【中心直径（无切刃）】：通常用于设置攻牙、镗孔时的底孔直径。

（6）【直径补正号码】：刀具半径补偿号码，此号码为使用G41、G42语句在机床控制器补偿时，设置在数控机床中的刀具半径补偿器号码。

（7）【刀长补正号码】：刀具长度补偿号，在机床控制器补偿时，设置在数控机床中的刀具长度补偿器号码。

（8）【进给率】：设置刀具在XY平面的进给速度。

（9）【下刀速率】：用于设置刀具快速接近工件的速度。

（10）【提刀速率】：用于设置切削加工完后刀具快速退回的速度。

（11）【主轴转速】：设置刀具的切削速度。

（12）【刀刃数量】：设置刀具的切削刃数。

（13）【材料表面速率%】：设置根据系统参数所预设的建议平面切削速度的百分比。

（14）【每刃切削量%】：设置根据系统参数所预设的进刀量的百分比。

（15）【刀具文件名称】：设置刀具文件的名称。

（16）【刀具名称】：设置刀具名称。

（17）【制造商刀具代码】：设置制造者的刀具码。

（18）【夹头】：用于输入要显示的夹头信息。

（19）【英制】：选择刀具参数的单位，包括公制和英制两种，一般选择公制。

（20）【材质】：单击下拉列表框列出的6种刀具材料：高速钢HSS、硬质合金、涂层硬质合金、陶瓷、碳化硼和用户自定义。

（21）【主轴旋转方向】：用于设置主轴的旋转方向，包括"顺时针"和"逆时针"两个选项。

（22）【Coolant】：单击【Coolant】按钮，弹出【Coolant】对话框，如图9-11所示。用户可根据需要设置相应的冷却方式：Flood为使用液体冷却；Mist为使用喷雾冷却；Thru-tool为使用刀具内部方式冷却；如果以上所有的选项均为【Off】，则不使用冷却。

（23）【计算转速/进给】：单击该按钮，系统会自动计算出刀具的切削速度，并将计算结果显示在刀具参数对话框中。

（24）【保存至刀库】：单击该按钮，用于将新创建的刀具及其参数保存在资料库中。

2．从刀具库选择刀具

1）选取刀具

从刀具库中选取刀具是设置刀具的最基本形式，操作相对简单。在刀具栏的空白区域右击，在弹出的菜单中选取【刀具管理器】命令，在系统弹出的【刀具管理】对话框中选中刀具，双击即可。

2）修改刀具库刀具

在已有的刀具上右击，选择【编辑现有刀具】

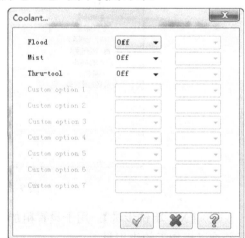

图9-11 【Coolant】对话框

命令，或者在选定的刀具上双击，系统弹出如图 9-9 所示的【定义刀具】对话框。用户可以对刀具类型、刀具尺寸和加工参数进行编辑修改。单击【保存至刀库】按钮，将该刀具保存到库中。各参数设置已在自定义刀具中进行了详细的讲解，此处不再赘述。

9.3 加工工件的设置

加工工件的设置是在编制加工刀具路径之前，通过设置一个与实际工件大小相同的毛坯来模拟加工效果。加工工件的设置包括工件尺寸、原点、材料和显示设置等参数。

9.3.1 工件尺寸及原点设置

要设置加工工件尺寸和原点，可在【刀具操作管理器】中选择【属性】/【素材设置】选项，如图 9-12 所示，系统弹出如图 9-13 所示【机器群组属性】对话框。

图 9-12　加工操作管理器

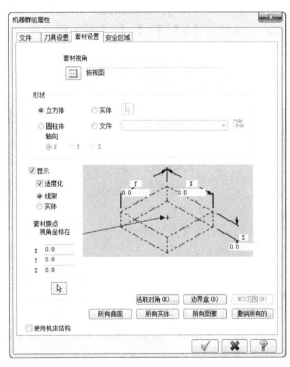

图 9-13　【机器群组属性】/【素材设置】选项卡

【机器群组属性】/【素材设置】选项卡包括如下选项。

（1）【素材视角】：用于选择工件视图方向，用户可选择任意存储在零件文件中的视图作为素材视角。当选定一个视图后，所设置工件的边与所选视图平行。一般情况下选择 TOP 俯视图，这也是毛坯的默认状态。

（2）【形状】：用于选择工件的形状，包括以下选项。

- 【矩形】：设置工件为矩形。
- 【圆柱体】：设置工件为圆柱形，此时可选择 X、Y 和 Z 轴来指定圆柱摆放的方向。
- 【实体】：单击此按钮，可在图形区选择一部分实体作为工件形状。
- 【文件】：单击此按钮，可从一个 STL 文件中输入工件形状。

（3）【显示】：用于设置工件在图形区的显示方式，包括【线架】和【实体】两种方式，如图 9-14 所示。选中【显示】复选框，在屏幕上会显示设置的工件大小，选中【适度化】复选框，工件将以最合适的状态满屏显示。

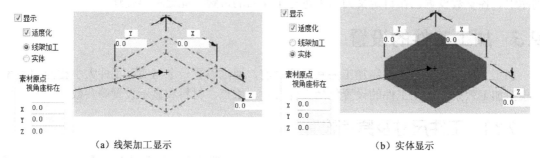

（a）线架加工显示　　　　　　　　（b）实体显示

图 9-14　工件在图形区的设置方式

（4）设置工件尺寸：Mastercam X6 提供了以下几种设置工件尺寸的方法。

- 直接在【X】、【Y】、【Z】输入框中输入工件尺寸，如图 9-15 所示。

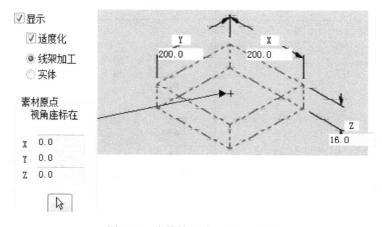

图 9-15　直接输入法设置工件尺寸

- 【选择对角】：单击【选择对角】按钮，返回图形区后选择图形对角的两个点以确定工件范围。根据选择的角重新计算毛坯原点，毛坯上的 X 轴和 Y 轴尺寸也随着改变。

- 【边界盒】：单击此按钮，根据图形边界确定工件的尺寸，并自动改变 X 轴、Y 轴和原点坐标。但一般产生的工件大小不准确，较少使用。

- 【NCI 范围】：单击此按钮，可根据刀具在 NCI 文档中的移动范围确定工件尺寸，并自动求出 X 轴、Y 轴和原点坐标。系统自动计算出刀具路径最大和最小坐标作为工件范围，并求出毛坯原点坐标。

- 【所有曲面】：单击此按钮，系统选择所有曲面边界作为工件尺寸并自动求出 X 轴、Y 轴和原点坐标。

- 【所有实体】：单击此按钮，系统选择所有实体边界作为工件尺寸并自动求出 X 轴、Y 轴和原点坐标。

- 【所有图素】：单击此按钮，系统选择所有图素边界作为工件尺寸并自动求出 X 轴、Y 轴和原点坐标。

- 【撤销所有的】：单击此按钮，取消所有尺寸的设置。

（5）工件原点设置：工件尺寸设置完毕后，应对工件原点进行设置，以便对工件进行定位。工件原点设置实际上就是求解毛坯上表面的中心点在绘图坐标系的坐标。

工件原点设置包括原点位置和原点坐标两个方面。工件原点可以设置在立方体工件的10 个特殊位置上，包括立方体的 8 个角点和上下面的中心点，系统用一个小十字箭头表示。若设置工作原点位置，可将光标移动到各特殊点位置上，然后单击即可将该点设置为工件原点，如图 9-16 所示。

工件原点的坐标可以通过在【素材原点】选项组下的【X】、【Y】、【Z】文本框中输入，也可以单击 按钮返回绘图区并选择一点作为工件原点，此时【X】、【Y】、【Z】坐标值将自动更改，如图 9-17 所示。

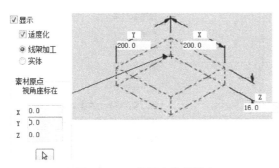

图 9-16　工件原点位置设定　　　　　　　图 9-17　工作原点坐标设定

9.3.2　工件材料设置

除了设置工件尺寸及原点外，还可以设置工件的材料。要设置工件材料，单击【操作管理】/【刀具路径】/【属性】/【刀具设置】选项，系统弹出【机器群组属性】对话框中的【刀具设置】选项卡，如图 9-18 所示。

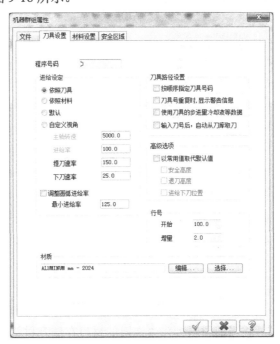

图 9-18　【机器群组属性】对话框中的【刀具设置】选项卡

单击【刀具设置】选项卡中【材质】选项组下的【选择】按钮 [选择...] ，弹出【材料列表】对话框。在该对话框中列出了当前材料列表中的材料名称，如图 9-19 所示。在【材料列表】对话框中右击，弹出如图 9-20 所示的快捷菜单，对材料列表的管理主要通过该快捷菜单来实现。该快捷菜单中各主要选项如下。

图 9-19 【材料列表】对话框　　　　　　　　　图 9-20　快捷菜单

（1）【从刀库中获得】：从系统材料库中选择要使用的材料并添加到当前材料列表中。

从材料库中选择材料的过程：在图 9-19 所示对话框【来源】下拉列表框中，选择【铣床-数据库】选项，此时材料库中的所有材料即可显示于当前列表中，如图 9-21 所示。选择所需要的材料，然后单击【确定】按钮 [√] 即可。

图 9-21　显示材料库中所有材料

（2）【保存至刀库…】：将当前材料列表中选取的材料存储到材料库中。

（3）【新建…】：用于创建新的材料。选择该命令后，可以打开【材料定义】对话框，如图 9-22 所示。【材料定义】对话框中各选项的含义如下。

- 【材料名称】：输入新建材料的名称。
- 【基本切削速率】：用于设置材料的基本切削线速度。在下面的列表中可以设置不同加工操作类型时的切削线速度与基本切削速率的百分比。
- 【每转基本速率】：用于设置材料的基本进刀量。在下面的列表中可以设置不同加工操作类型时的进刀量与基本进刀量的百分比。
- 【允许的刀具材料和附加的转速/进给率的百分比】：用于设置可以加工该材料的刀具材料类型。
- 【进给率输出单位】：用于设置进刀量的单位。
- 【注释】：用于输入任何操作的注释。

（4）【删除】：用于删除所选材料。

（5）【编辑】：用于编辑选定的材料。在选定的材料上右击选择该命令后，会弹出如图 9-22 所示的【材料定义】对话框，用户可根据需要编辑相关参数。

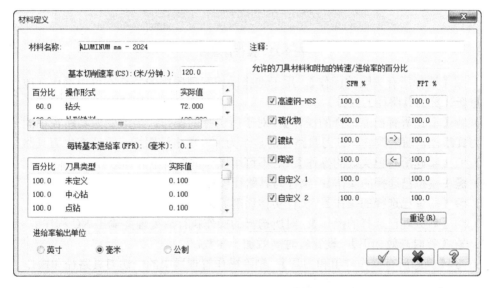

图 9-22 【材料定义】对话框

9.4 加工操作管理及后处理

所有的加工参数和工件参数设置完成后，可以利用系统提供的刀具操作管理器模拟切削过程。模拟显示没有错误后，利用系统提供的 POST 后处理器输出正确的 NC 加工程序，即可进行实际的加工操作。

9.4.1 操作管理器

Mastercam X6 的操作管理器如图 9-23 所示。

可以通过执行【刀具路径管理器】中的某个操作改变加工次序，也可以通过改变刀具路径参数、刀具及与刀具路径关联的几何模型等来改变刀具路径。管理器中各选项的含义如下。

（1） ✔【选择所有的操作】：用于选择操作管理器列表中的所有可用操作。

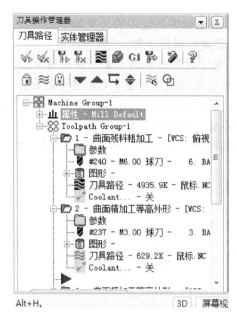

图 9-23　操作管理器

（2）【选择所有失败的操作】：用于选择操作管理器中的所有不可用操作（改变参数后，要重新计算刀具路径的操作）。

（3）【重建所有已经选择的操作】：对于所选择的操作，当改变刀具路径中的一些参数时，刀具路径也随之改变，该刀具路径前显示为，单击该图标，重新产生刀具路径。

（4）【重建所有已失败的操作】：对不可用操作重新产生刀具路径。

（5）【模拟已选择的操作】：执行刀具路径模拟。

（6）【验证已选择的操作】：执行实体切削验证。

（7）G1【后处理已选择的操作】：对所选择的操作执行后处理并输出 NC 程序。

（8）【省时高效加工】：设置省时高效加工参数。

（9）【删除所有操作群组和刀具】：删除操作管理器中的一切刀具路径和操作。

（10）【帮助】：用于显示帮助文件。

（11）【切换已经锁定的操作】：选定所选择的操作，不允许再对所锁定操作进行编辑。

（12）【切换刀具路径显示】：对于复杂工件的加工往往需要多个加工步骤，如果把所有加工步骤的刀具路径都显示出来，势必混乱。单击该按钮可关闭/显示相应的刀具路径。

（13）【切换已选取的后处理操作】：锁定选择加工操作的 NC 程序输出，此时该加工操作无法利用后处理功能输出 NC 程序。

（14）▼【移动插入箭头到下一项】：将即将生成的刀具路径移动到当前位置的下一个操作的后面。

（15）▲【移动插入箭头到上一项】：将即将生成的刀具路径移动到当前位置的上一个操作的后面。

（16）【插入箭头位于指定的操作或群组之后】：将插入箭头移动到指定的加工操作后。

（17）【显示滚动窗口的插入箭头】：当前加工操作很多，使插入箭头不在显示范围内时，单击该按钮可以迅速显示插入箭头的位置。

（18）【单一显示已选择的刀具路径】：当前加工操作很多，单独查看某一步刀具路径时，单击该按钮，仅显示该步刀具路径。

（19）⚙【单一显示关联图形】：仅显示某一相关联图形。

将鼠标放在刀具路径的某一项目上右击，出现路径操作界面，可以对项目进行剪切、删除、关闭刀具路径等操作。单击有子菜单的项目还可进行下一步操作。

9.4.2 刀具路径模拟

刀具路径模拟是通过刀具刀尖运动轨迹，在工件上形象地显示刀具的加工情况，用于检测刀具路径的正确性。

在操作管理器中，选择一个或多个操作后，单击操作管理器中的≋按钮，弹出如图 9-24 所示的【路径模拟】对话框，同时在图形区上方出现如图 9-25 所示的类似视频播放器的控制工具。

图 9-24 【路径模拟】对话框

图 9-25 【刀具路径模拟】操作栏

【路径模拟】对话框中各选项按钮的含义如下。

（1）⚞【显示颜色切换】：当按钮处于按下状态时，将刀具所移动的路径着色显示。

（2）⚟【显示刀具】：当按钮处于按下状态时，在模拟过程中显示刀具。

（3）⚟【显示夹头】：当按钮处于按下状态时，在模拟过程中显示刀具的夹头，以便检验加工中刀具和刀具夹头是否会与工件碰撞。

（4）⚟【显示快速移动】：若按钮处于按下状态，在加工时从一个加工点移动到另一个加工点，需抬刀快速移位，此时并未切削，单击该按钮将显示快速位移路径。模拟过程中显示刀具的夹头，以便检验加工中刀具和刀具夹头是否会与工件碰撞。

（5）⚟【显示端点】：当按钮处于按下状态时，显示刀具路径节点的位置。

（6）⚟【着色验证】：当按钮处于按下状态时，对刀具路径涂色进行验证。

（7）⚟【选项】：单击该按钮，弹出【刀具路径模拟选项】对话框，可设置刀具和刀具路径的显示参数。

（8）⚟【限制路径】：当按钮处于按下状态时，系统只显示正在切削的刀具路径。

（9）　▨【关闭限制路径】：当按钮处于按下状态时，将显示所有刀具路径。

（10）　▣【将刀具保存为图形】：保存刀具及其夹头在某处的显示状态。

（11）　▣【将刀具路径保存为图形】：保存刀具路径为几何图形。

9.4.3　实体加工仿真

实体加工仿真是对工件进行逼真的切削模拟来验证所编制的刀具路径是否正确，以便编程人员及时修正，避免工件报废，甚至可以省去试切环节。

在操作管理器中选择一个或多个操作后，单击操作管理器上方的 ▣ 按钮，弹出【验证】对话框，如图 9-26 所示。

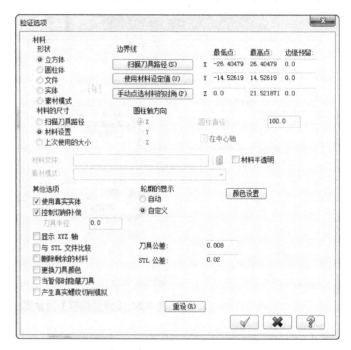

图 9-26　【验证】对话框　　　　　　　图 9-27　【验证选项】对话框

【验证】对话框中主要选项的含义如下。

（1）◀◀【重新开始】：结束当前仿真加工，返回初始状态。

（2）▶【持续执行】：开始连续仿真加工。

（3）■【暂停】：暂停仿真加工。

（4）▶|【步进】：单击一下，走一步或几步，可在【显示控制器】选项组中的【每次手动时的位移】文本框中设置每步步进量进行仿真。

（5）▶▶【快速前进】：快速仿真，不显示加工过程，直接显示加工结果。

（6）▣【最终结果】：在仿真过程中不显示刀具和模拟过程，只显示验证的最终结果。

（7）▣【显示刀具】：在仿真过程中显示刀具和切削过程。

（8）▼【显示刀具和夹头】：在仿真过程中显示刀具和夹头，以及切削过程。

（9）快速 —▯— 品质【仿真质量滑动条】：调节仿真加工的速度。

（10）🚶 —▯— ✖【速度质量滑动条】：用于控制仿真模拟的速度。

（11）▣【选项】：单击【选项】按钮，可以打开如图 9-27 所示的【验证选项】对话框，可以对材料的【形状】、【边界线】、【材料的尺寸】及其他选项进行设置。

9.4.4 后处理

后处理是将 NCI 刀具路径文件翻译成数控 NC 程序的过程。NC 程序可用于控制数控机床进行加工。实体加工模拟完毕后，若未发现任何问题，便可以使用 POST 后处理产生 NC 程序，要执行后处理功能，单击加工操作管理器中的 **G1**按钮，系统弹出如图 9-28 所示的【后处理程序】对话框。

下面将【后处理程序】对话框中各参数选项简单介绍如下。

1. 当前使用的后处理

不同的数控系统所用的加工程序的语言格式不同，即 NC 代码有差别。用户应该根据机床数控系统的类型选择相应的后处理器，系统默认的后处理器为 MPFAN.PST（日本 FANUC 数控系统控制器）。

若要使用其他后处理器，单击【更改后处理程序】按

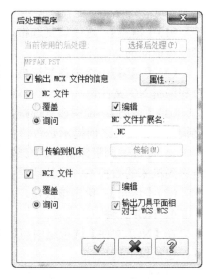

图 9-28 【后处理程序】对话框

钮来更改处理器类型，但该按钮只有在未指定任何后处理器的情况下才能被激活。若用户想要更改后处理器类型，在【刀具路径】管理器中打开【属性】/【文件】选项，如图 9-29 所示，系统弹出【机需群组属性】/【文件】对话框，如图 9-30 所示。单击【机床-刀具路径复制】选项组下的【替换】按钮，在弹出的【打开】对话框中选择合适的后处理器类型。

图 9-29 打开【属性】/【文件】　　　　图 9-30 【机器群组属性】/【文件】对话框

2. 输出 MCX 文件的信息

选中【输出 MCX 文件的信息】复选框，用户可将 MCX 文件的注解描述写入 NC 程序中。单击其后的【信息内容】按钮，还可以对注解描述进行编辑。

3. NC 文件

在【NC 文件】选项组中可以对后处理过程中生成的 NC 文件进行设置，包括以下

选项。

（1）【覆盖】：选中该复选框，在生成 NC 文件时，若存在相同名称的 NC 文件，系统直接覆盖前面的 NC 文件。

（2）【编辑】：选中该复选框，系统在保持 NC 文件后还将弹出 NC 文件编辑器供用户检查和编辑 NC 文件。

（3）【询问】：选中该复选框，在生成 NC 文件时，若存在相同名称的 NC 文件，系统直接覆盖 NC 文件之前提示是否覆盖。

（4）【传输到机床】：选中该复选框，在存储 NC 文件的同时将 NC 文件通过串口或网络传送到机床的数控系统或其他设备上。

（5）【传输】：单击该按钮，系统弹出【传输】对话框，用户可设置有关的传输参数。

4．NCI 文件

在【NCI 文件】选项组中可以对后处理过程中生成的 NCI 文件（刀具路径文件）进行设置，包括以下选项。

（1）【覆盖】：选中该复选框，在生成 NCI 文件时，若存在相同名称的 NCI 文件，系统直接覆盖前面的 NCI 文件。

（2）【编辑】：选中该复选框，系统在保持 NCI 文件后还将弹出 NCI 文件编辑器供用户检查和编辑 NCI 文件。

（3）【询问】：选中该复选框，在生成 NCI 文件时，若存在相同名称的 NCI 文件，系统直接覆盖 NCI 文件之前提示是否覆盖。

9.4.5 关闭刀具路径显示

为了避免过多的加工操作产生的刀具路径显示混杂在一起，不便于观察某个单独加工步骤的刀具路径，可以利用加工操作管理器将不需要显示的刀具路径临时关闭。单击加工操作管理器中的 ≈ 按钮，临时关闭刀具路径。

9.4.6 锁定加工操作刀具

用户在完成一系列操作设置后，在确保无误的情况下，为了避免误操作带来的参数变化，可以单击加工管理器中的 🔒【锁定】按钮。

9.5 刀具路径操作管理

Mastercam X6 允许用户像操作图素一样对刀具路径进行编辑。刀具路径的编辑主要包括两个方面：修剪和转换。通过修剪可以删除刀具路径中不需要的部分内容。转换可对刀具路径进行平移、镜像和旋转，以生成新的刀具路径。

9.5.1 刀具路径转换

刀具路径转换可对刀具路径进行平移、镜像和旋转，以生成新的刀具路径。这在有重复刀具路径的时候可以简化操作过程。单击【刀具路径】/【路径转换】，如图 9-31 所示。打开【转换操作参数设置】对话框，如图 9-32 所示。

在该对话框中，选择变换的方式将打开相应的选项卡。刀具路径的变化和图形的变化形式基本上是相同的。刀具转换方式主要有刀具平面和坐标系两种。刀具平面是指以刀具面的变化来实现刀具路径的转换。坐标系是指以坐标的变化形式来实现刀具路径的转换。【平移】选项卡、【旋转】选项卡和【镜射】选项卡分别如图9-33、图9-34和图9-35所示，它们的操作和相应的图形变化类似。

图9-31　打开【路径转换】　　　　　　　　图9-32　【转换操作参数设置】对话框

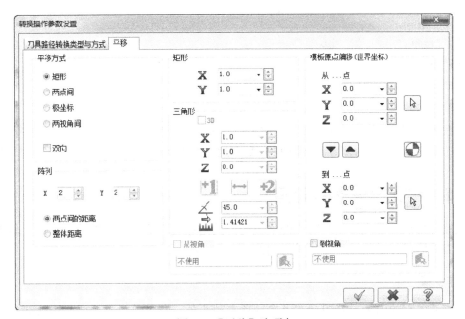

图9-33【平移】选项卡

图 9-34 【旋转】选项卡

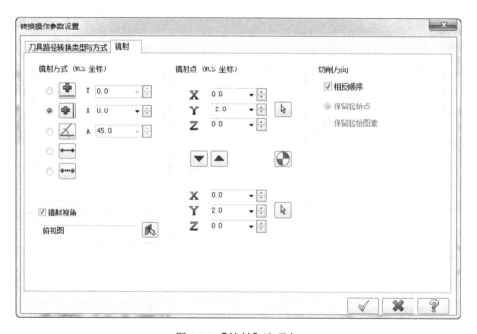

图 9-35 【镜射】选项卡

9.5.2 实例 刀具路径修剪

刀具路径修剪功能允许用户对已经生成的刀具路径进行裁剪，可以使刀具路径避开一些空间。对刀具路径修剪的边界必须是封闭的。

操作步骤

[1] 在菜单栏中打开待修剪的刀具路径所在的文件，待修剪的刀具路径如图 9-36 所示。

[2] 绘制一个圆作为修剪边界，如图 9-37 所示，也可将刀具路径隐藏以方便观察。边界图形可以是任何形状和尺寸，并且可以和刀具路径不在同一平面上。

[3] 如图 9-38 所示单击【刀具路径】/【路径修剪】，弹出【串连选项】对话框，如图 9-39 所示，选择刚才绘制的圆并单击【确定】按钮 ✓ 。

[4] 此时系统提示【在要保留的路径一侧选取一点】，移动鼠标单击小圆边界外面任何一点。操作的结果是将圆内刀具路径删除。

图 9-36　待修剪的刀具路径

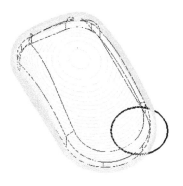

图 9-37　修剪的边界

图 9-38　【刀具路径】/【路径修剪】

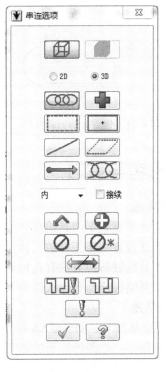

图 9-39　【串连选项】对话框

[5] 系统打开如图 9-40 所示的【修剪刀具路径】参数对话框，选择需要修剪的路径。

[6] 确定后，刀具路径修剪后的变化如图 9-41 所示。同时在刀具路径管理器里也显示了刀具修剪的操作，如图 9-42 所示。

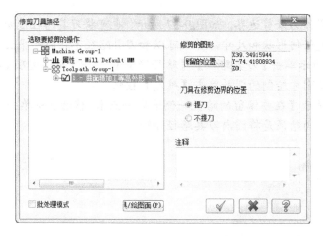

图 9-40 【修剪刀具路径】对话框

图 9-41 修剪后的刀具路径

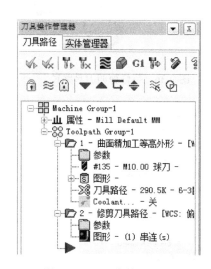

图 9-42 刀具修剪的操作

9.6 思考与练习

1. 思考题

（1）简述设置加工刀具的具体实现步骤。

（2）简述设置加工工件的具体实现步骤。

（3）刀具路径转换方法有几种？各有何特点？

（4）刀具路径修剪有什么特点？简述其具体操作步骤。

2. 上机题

（1）要求掌握 Mastercam X6 系统加工的一般流程，熟悉加工设置内容，实现简单二维图形矩形的加工（尺寸任意设定）。

（2）加工如图 9-43 所示圆中均布 6 个槽，要求使用刀具路径转换方法中的旋转复制方法完成刀具路径的设置。

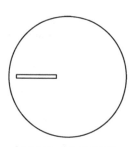

图 9-43 加工练习

第10章 二维加工

二维加工是 Mastercam X6 在铣床加工中的重要加工方式之一。二维加工刀具路径与三维加工刀路不同，二维加工一般是指在切削动作进行过程中，刀具在高度方向的位置不发生变化，刀具相对工件只在 XY 平面内移动位置，使刀具不断切削材料。Mastercam X6 的二维加工提供了多种加工方式来适应不同的工件和加工场合。

【学习要点】

- 二维加工常用铣削方式。
- 各种铣削方式具体操作方法。

10.1 常用铣削方式

选择主菜单【刀具路径】下的相关命令，如图 10-1 所示，可启动二维加工。二维铣削加工功能主要包括外形铣削加工、平面铣削加工、挖槽铣削加工、钻孔铣削加工和雕刻加工等。

10.1.1 外形铣削

选择【刀具路径】/【外形铣削】命令，弹出【串连选项】对话框，如图 10-2 所示。串

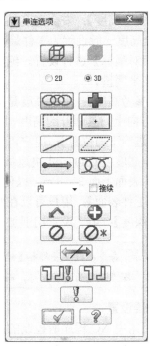

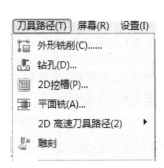

图 10-1　二维加工相关命令

图 10-2　【串连选项】对话框

连选择完成工件轮廓后，系统弹出【2D 刀具路径-外形铣削】对话框，打开【共同参数】选项卡，如图 10-3 所示。外形铣削专用参数含义如下。

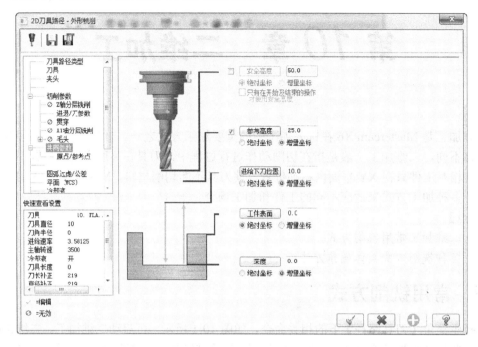

图 10-3 【共同参数】选项卡

1. 高度设置

高度设置包括【安全高度】、【参考高度】、【进给下刀位置】、【工件表面】、【深度】5 个方面。

（1）【安全高度】：安全高度是刀具开始加工和加工结束后返回机械原点前所停留的高度位置。安全高度一般设置为工件最高表面位置高度再加 10~20mm。安全高度可采用【绝对坐标】或【相对坐标】进行设置。绝对坐标是相对于系统原点来测量，相对坐标是相对于工件表面的高度来测量。

（2）【参考高度】：参考高度是指刀具结束某一路径加工或避让岛屿，进入下一路径加工前在 Z 轴方向上刀具回升的高度。参考高度一般设置为工件表面位置高度再加 5~20mm。

（3）【进给下刀位置】：用户可以在此文本文框中输入下刀时的高度位置，在实际切削中刀具从安全高度以 G00 方式快速移到位置，然后再从此位置以 G01 方式下刀。进给下刀位置一般为工件表面上面 2~5mm，以便于节省 G01 下刀时间。

（4）【工件表面】：用户可以在此文本文框中输入工件表面的高度位置。

（5）【深度】：用于设置切削加工 Z 轴总的加工深度。在 2D 刀路中深度值应该为负值。

> 📖 提示：每个参数设置都有【绝对坐标】和【增量坐标】两种方式。一般将参考高度和进给下刀位置、深度设定为增量坐标，而工件表面设置为绝对坐标以避免发生设置错误。

2. 补偿设置

数控机床中 NC 程序所控制的是刀具中心的轨迹，而零件图形提供的是零件加工后应该达到的尺寸，因此在编制加工程序时，需要将零件图样的尺寸换算成刀具中心尺寸，这称为刀具补偿。补偿设置相关参数如图 10-4 所示。

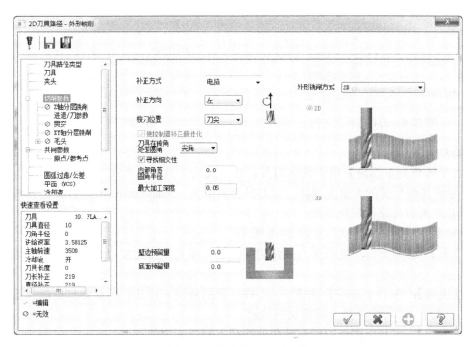

图 10-4　补偿设置相关参数

1）补正类型

在 Mastercam X6 系统中提供了 5 种补正类型，如图 10-5 所示。常用的是电脑补偿和控制器补偿。

图 10-5　补正类型

（1）【电脑】：电脑补偿由 Mastercam 软件实现，计算刀具路径时将刀具中心向指定方向移动一个补偿量（一般为刀具的半径），产生的 NC 程序已经是补偿后的坐标值，并且程序中不再含有刀具补偿指令（G41，G42）。

（2）【控制器】：选用控制器补偿时，Mastercam 软件所产生的 NC 程序是以要加工零件图形的尺寸为依据来计算坐标，并在程序的某些行中加入补偿命令（如左补偿 G41、右补偿 G42）及补偿代号。

（3）【磨损】：系统同时采用计算机和控制器补偿方式，且补偿方向相同，并在 NC 程序中给出加入补偿量的轨迹坐标值，同时又输出控制补偿代码 G41 或 G42。

（4）【反向磨损】：系统同时采用计算机和控制器补偿方式，且补偿方向相反。即采用计算机左补偿时，系统在 NC 程序中输出反向补偿控制代码 G42。采用计算机右补偿时，系统在 NC 程序中输出反向补偿控制代码 G41。

（5）【关】：系统关闭补偿方式，刀具中心铣削到轮廓线上。当加工余量为 0 时，刀具中心刚好与轮廓线重合。

2）补正方向

刀具的补正方向有【左】和【右】两种，如图 10-6 所示。

3）校刀位置

以上补偿是指刀具在 XY 平面内的补偿方式，也可在【校刀位置】选项中设置刀具在 Z 轴方向上的补偿位置，如图 10-7 所示。

（1）【刀尖】：补偿到刀具的刀尖。

（2）【中心】：补偿到刀具端头中心。

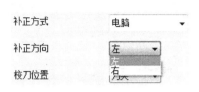
图 10-6　刀具的补正方向

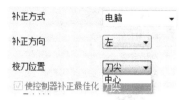
图 10-7　校刀位置

3. 转角设置

【刀具在转角处走圆角】用于设置刀具在转角处的刀具路径形式。机床的运动方向发生突变，会导致切削负荷的大幅度变化，对刀具极其不利。Mastercam X6 可以设定在外形有尖角处是否要加入刀具路径圆角过渡。

转角设置有以下 3 种方式，如图 10-8 所示。

（1）【无】：在图形转角处不插入圆弧切削轨迹，而是直接过渡，产生的刀具轨迹形状为尖角。

（2）【尖角】：在小于或等于 135°（工件一侧的角度）的几何图形转角处插入圆弧切削轨迹，大于 135°的转角不插入圆弧切削轨迹。

（3）【全部】：在几何图形的所有转角处均插入圆弧切削轨迹。

4. 寻找相交性

【寻找相交性】：选中此复选框，系统启动寻找相交功能，就是在创建切削轨迹前检视几何图形对象自身是否相交，若发现相交，则在交点以后的几何图形对象不产生切削轨迹。

5. 预留量设置

在实际加工中，特别是在粗加工中，经常要碰到预留量的问题。预留量是指加工时在工件上预留一定厚度材料，以便于下一步的加工。预留量设置包括【壁边预留量】和【底面预留量】，如图 10-9 所示。

图 10-8　转角设置

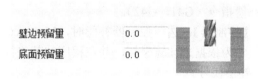
图 10-9　预留量设置

（1）【壁边预留量】：XY 方向的预留量大小即指在外形轮廓内/外侧预留的加工余量。粗铣加工中要保留一定的加工量，一般为 0.1～0.5mm。

（2）【底面预留量】：Z 方向的预留量大小，即切削最后实际深度在工件表面预留的加工余量。

6. XY 轴分层铣削

XY 轴分层铣削是在 XY 方向分层粗铣和精铣，主要用于外形材料切削量较大、刀具无法一次加工到定义的外形尺寸的情形。

单击【切削参数】/【XY 轴分层铣削】，弹出如图 10-10 所示的选项卡。该选项卡用于设置分层铣削参数。

（1）【粗加工】：用于确定粗加工次数和切削间距，粗铣间距通常根据刀具的直径设置，一般为刀具直径的 60%～80%。

（2）【精加工】：用于确定精加工次数和切削间距。

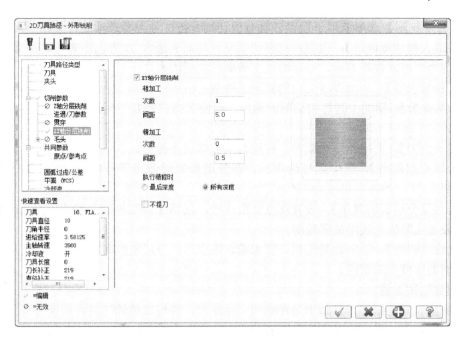

图 10-10 【XY 轴分层铣削】选项卡

（3）【执行精修时】：用于选择是在最后深度进行精切还是在每层都进行精切。

（4）【不提刀】：用于设置刀具在每一个切削后是否会回到下刀位置高度。当选中该复选框时，刀具会从目前的深度直接移到下一个切削深度。若取消选中该复选框，则刀具会回到原来下刀位置的高度，而后刀具才移到下一个切削的深度。

7．Z 轴分层铣削

Z 轴分层切削用于指定在 Z 轴分层精铣和粗铣，用于材料较厚无法一次加工到最后深度的情形。【Z 轴分层铣削】选项卡如图 10-11 所示。

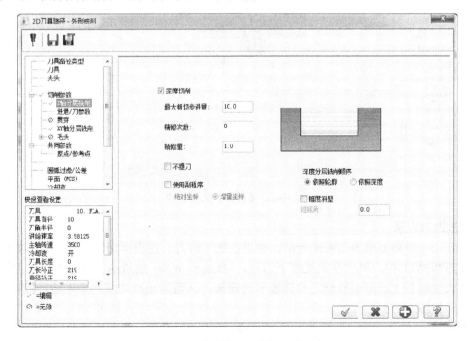

图 10-11 【Z 轴分层铣削】选项卡

【Z轴分层铣削】选项卡用于设置Z轴分层切削参数，各主要选项的含义如下。

（1）【最大粗切步进量】：设置两相邻切削路径层间的最大 Z 方向距离（切深）。每次加工深度也称为切深或被吃刀量，是影响加工效率的主要因素之一。

（2）【精修次数】：切削深度方向的精加工次数。

（3）【精修量】：精加工时每层切削的深度，即做 Z 方向精加工时两相邻切削路径在 Z 方向的距离。

（4）【不提刀】：选中此复选框时，每层切削完毕后不提刀。

（5）【使用副程序】：选中此复选框后，在分层切削时调用子程序，以减少 NC 程序的长度。

（6）【深度分层铣削顺序】：设置深度铣削次序，包括【依照轮廓】和【依照深度】两种方式。一般加工时优先选用依照轮廓。

（7）【锥度斜壁】：选中该复选框，要求输入锥度角。分层铣削时将按照此角度从工件表面至最后切削深度形成锥度。

8. 贯穿铣削设置

贯穿铣削设置是指将刀具超出工件底面一定距离，能彻底清除工件在深度方向的材料，避免了残料的存在。要启动深度贯穿铣削功能，可单击【贯穿】按钮，打开【贯穿】选项卡，在【贯穿距离】文本框中输入刀具底端超出工件底面的距离，如图 10-12 所示。

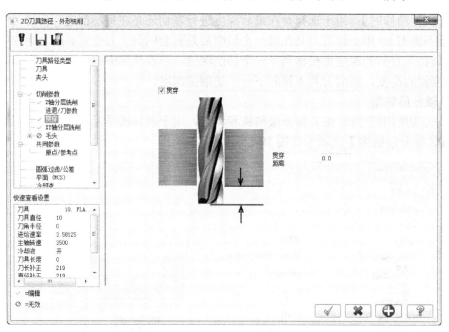

图 10-12 【贯穿】选项卡

9. 进/退刀设置

轮廓铣削一般都要求加工表面光滑，如果在加工时刀具在表面切削时间过长（如进刀、退刀、下刀和提刀时），就会在此处留下刀痕。Mastercam X6 的进退刀功能可以在刀具切入和出工件表面时加上进退引线使之与轮廓平滑连接，从而防止过切或产生毛边。【进/退刀参数】选项卡如图 10-13 所示。

（1）【在封闭轮廓的中点位置执行进/退刀】：选中该复选框，将在选择几何图形的中点处进行进退刀，否则在选择几何图形端点处进行进退刀。

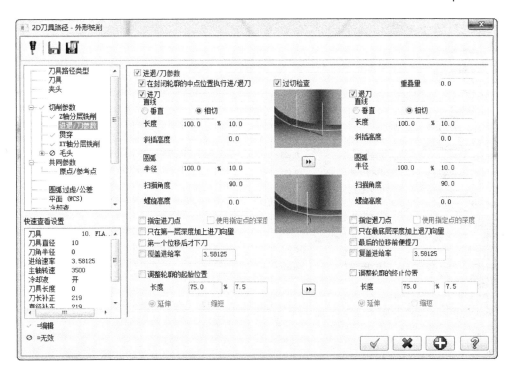

图 10-13 【进退/刀参数】选项卡

（2）【过切检查】：选中该复选框，将启动进退刀过切检查，确保进退刀路径不铣削轮廓外形内部材料。

（3）【重叠量】：在退刀前刀具仍沿着刀具路径的中点向前切削一段距离，此距离即为退刀的重叠量。退刀重叠量可以减少甚至消除进刀痕。

（4）【进刀】/【退刀】：选中该复选框，将启动导入/导出功能，否则关闭导入/导出功能。

- 【直线】：线性导入/导出有【垂直】和【相切】两种导引方式。
- 【圆弧】：除了加入线性导入/导出刀具路径外，还可以在其后加入圆弧导入/导出刀具路径。圆弧进刀/退刀是以一段圆弧作引入线与轮廓线相切的进退刀方式，通常用于精加工。

（5）【指定进刀点】：选中该复选框，进刀的起始点可由操作者在图中指定。通常以在选择串连几何图形前所选择的点作为进刀点。

（6）【使用指定点的深度】：选择该项，导入将使用所选点的深度。

（7）【只在第一层深度加上进刀向量】：选中该复选框，当采用深度分层切削功能时，只在第一层采用进刀路径，其他深度不采用进刀路径。

（8）【第一个位移后才下刀】：选中该复选框，当采用深度分层切削功能时，第一个刀具路径在安全高度位置执行完毕后才能下刀。

（9）【覆盖进给率】：选中该复选框，用户可以输入进刀的切削速率，否则系统按【进给率】中设置的速率进刀切削，小的进给率能减少切削振动。

（10）【调整轮廓的起始位置】：选中该复选框，用户可以在【长度】文本框中输入进刀/退刀路径在外形起点的【延伸】或【缩短】量。

10．过滤设置

过滤设置能在满足加工精度要求的前提下删除切削轨迹中某些不必要的点，以缩短 NC 加工程序，提高加工效率。【圆弧过滤/公差】选项卡如图 10-14 所示。

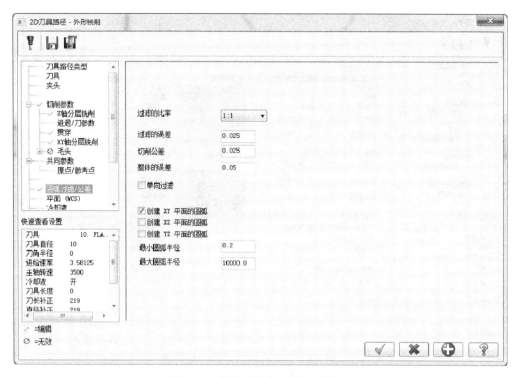

图 10-14 【圆弧过滤/公差】选项卡

11. 毛头

【毛头】用于设置装夹工件的压板，此时刀具路径将跳过工件的装夹压板位置。单击【毛头】按钮，打开【毛头】选项卡，如图 10-15 所示。

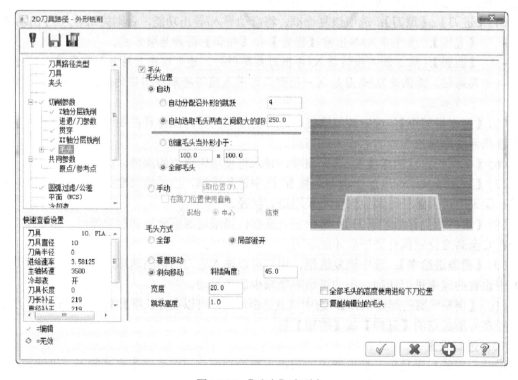

图 10-15 【毛头】选项卡

10.1.2 挖槽加工

挖槽加工也称为口袋加工，可以对封闭或非封闭的工件轮廓产生刀具路径。这是由所选择的工件轮廓是封闭还是非封闭来决定的。挖槽加工用于一些形状简单、图形特征是二维图形决定的、侧面为直面或倾斜度一致的工件粗加工。

挖槽铣削的专用铣削参数，包括挖槽参数和粗加工/精加工参数。

1．挖槽参数

选择【刀具路径类型】/【2D 挖槽】命令，选择工件轮廓后，系统弹出【2D 刀具路径-2D挖槽】对话框，如图 10-16 所示。

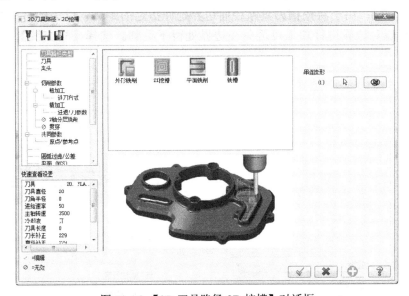

图 10-16 【2D 刀具路径-2D 挖槽】对话框

2D 挖槽参数设置中的很多参数与外形铣削参数设置相同，下面主要介绍不同的参数，如图 10-17 所示。

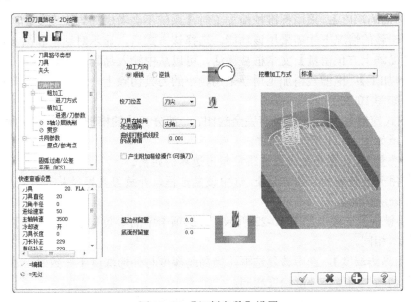

图 10-17 【切削参数】设置

1)【加工方向】

【加工方向】主要用于设置挖槽时刀具的旋转方向和其运动方向之间的配合。

2)【产生附加精修操作（可换刀）】

在编制挖槽加工中，同时生成一个精加工操作，可以一次选择加工对象完成粗加工和精加工的刀具路径编制，在操作管理器中可以看到同时生成了两个操作。

3)【挖槽加工方式】

挖槽加工方式包括【标准】、【平面铣】、【使用岛屿深度】、【残料加工】和【开放式挖槽】5 种形式，如图 10-18 所示。

（1）【标准】：仅铣削定义凹槽内的材料，而不会对边界外或岛屿进行铣削。

（2）【平面铣】：用于将挖槽刀具路径向边界延伸指定的距离，以达到对挖槽曲面的切削。采用该功能对边界进行加工可避免在边界处留下毛刺。选择【平面铣】，如图 10-19 所示。

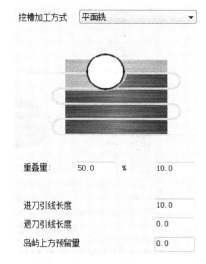

图 10-18　选择【挖槽加工方式】　　　　　图 10-19　选择【平面铣】

（3）【使用岛屿深度】：采用标准挖槽加工时，系统不会考虑岛屿深度变化，只在岛屿深度和槽深度不一致的情况下才需采用该功能。选择该方式后，显示对话框和图 10-19 对话框相同，只是【岛屿上方预留量】文本框被激活，可以从中输入岛屿深度。

（4）【残料加工】：挖槽残料加工用于采用较小的刀具切除上一次（较大刀具）加工留下的残料部分，如图 10-20 所示。

（5）【开放式挖槽】：用于轮廓没有完全封闭、一部分开放的槽形零件加工。此时单击【打开】选项，显示如图 10-21 所示对话框。

- 【重叠量】：设置开放式刀具路径超出边界的距离。
- 【使用开放轮廓的切削方法】：选中该复选框，开放刀具路径从开放轮廓端点起刀。

4)【Z 轴分层铣削】

【Z 轴分层铣削】选项卡如图 10-22 所示，该选项卡中的参数与【外形铣削】/【Z 轴分层铣削】参数基本相同。

（1）【使用岛屿深度】：选中该复选框，当岛屿深度与外形深度不一致时，将对岛屿深度进行铣削，否则岛屿深度与外形深度相同。

（2）【锥度斜壁】：选中该复选框，系统按设置的角度进行深度铣削。

图 10-20 【残料加工】设置

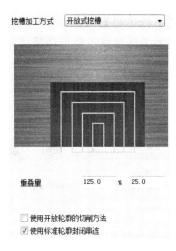

图 10-21 【开放式挖槽】设置

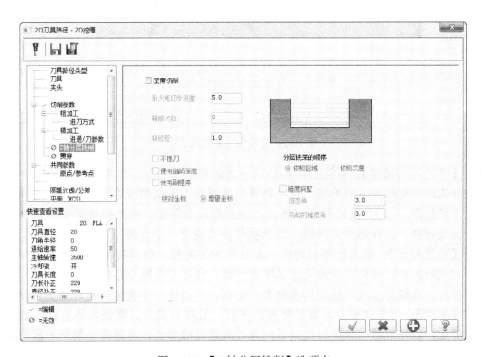

图 10-22 【Z 轴分层铣削】选项卡

2. 粗加工/精加工参数

除挖槽参数外，挖槽加工还要设置粗加工和精加工参数。

1）粗加工参数

粗加工参数设置主要包括粗铣加工走刀方式设置、切削间距设置、进刀设置、切削方向设置等，如图 10-23 所示。

（1）【粗加工】：系统提供了 8 种粗加工方式。

◆ 【双向】：产生一组来回的直线刀具路径，其所构建的刀具路径将以相互平行且连续不提刀的方式产生，其走刀方式为最经济、省时的方式，适合于粗铣面加工。

◆ 【等距环切】：产生一组粗加工刀具路径，确定以等距切除毛坯，并根据新的毛坯重新计算，该选项构建较小的线性移动。

❖ 【平行环切】：以平行螺旋方式粗加工内腔，每次用横跨步距补正轮廓边界，该选项加工时可能不能干净地清除毛坯。

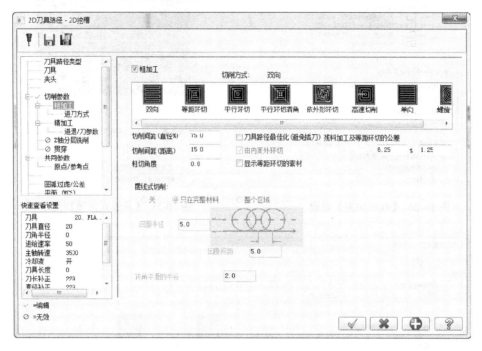

图 10-23 【粗加工】选项卡

❖ 【平行环切清角】：以平行环切的同一方法粗加工内腔，但在内腔上增加小的切除加工，可切除更多的毛坯，但不能保证将所有的毛坯都清除干净。

❖ 【依外形环切】：依外形螺旋方式产生挖槽刀具路径，在外部边界和岛屿间逐渐过滤进行插补方法粗加工内腔。该选项最多只能有一个岛屿。

❖ 【高速切削】：以平行环切的同一方法粗加工内腔，但其行间过渡时采用一种平滑过渡的方法，另外在转角处也以圆角过渡，保证刀具整个路径平稳而高速。单击此按钮，系统弹出【高速切削参数】对话框，可以进一步设置高速环切参数。

❖ 【单向】：所构建的刀具路径将相互平行，且在每段刀具路径的终点提刀到安全角度后，以快速移动速度行进到下一段刀具路径的起点，再进行铣削下一段刀具路径动作。

❖ 【螺旋切削】：以圆形螺旋方式产生挖槽刀具路径，用所有正切圆弧进行粗加工铣，其结果为刀具提供了一个平滑的运动、一个短的 NC 程序和一个较好的全部清除毛坯余量的加工。

（2）【切削间距（直径%）】：用于输入粗切削间距占刀具直径的百分比，一般为 60%～75%。

（3）【切削间距（距离）】：用于直接输入粗切削间距值，与 Stepover 参数是互动关系，输入其中一个参数，另一个参数自动更新。

（4）【粗切角度】：用于输入粗切削刀具路径的切削角度，粗切角度是指切削方向与 X 轴的夹角。

（5）【刀具路径最佳化（避免插刀）】：选择该项，能优化挖槽刀具路径，达到最佳铣削顺序。

（6）【由内而外环切】：当用户选择的切削方式是旋转切削方式中的一种时，选择该项，系统从内到外逐圈切削，否则从外到内逐圈切削。

打开【切削参数】/【粗加工】/【进刀方式】对话框，有【斜插】、【螺旋式】两种进刀模式，如图 10-24、图 10-25 所示，用于设置粗加工的 Z 方向下刀方式。挖槽粗加工一般用平底铣刀，这种刀具主要用侧面刀刃切削材料，其垂直方向的切削能力很弱，若采用直接垂直下刀（不选用下刀方式），容易导致刀具损坏。

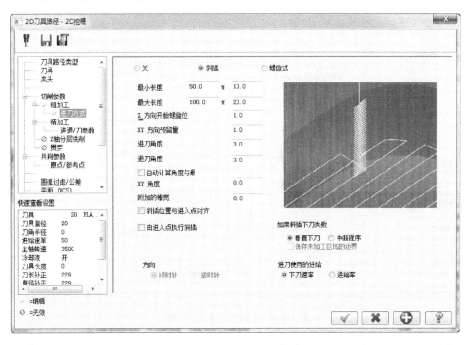

图 10-24 【斜插】选项卡

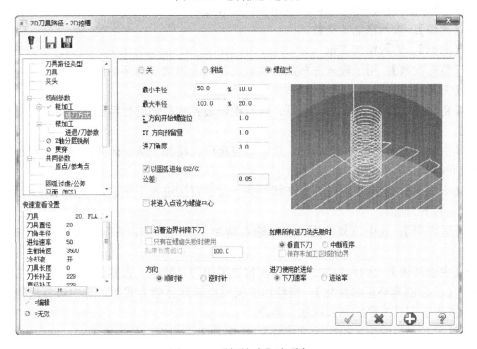

图 10-25 【螺旋式】选项卡

2）精加工参数

在挖槽加工中可以进行一次或数次精铣加工，让最后切削轮廓成形时最后一刀的切削余量相对较小而且均匀，从而达到较高的加工精度和表面加工质量。【精加工】选项卡如图 10-26 所示。

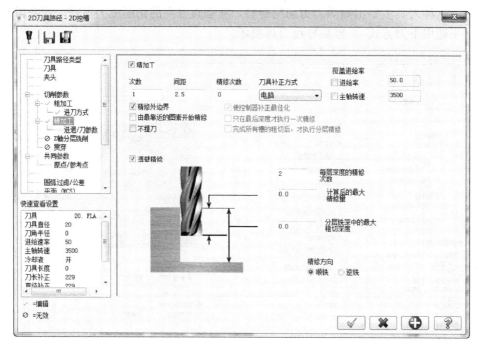

图 10-26 【精加工】选项卡

选中【切削参数】/【精加工】选项卡后，系统自动启动精加工方式及其相关的参数设置选项，包括精加工次数、精加工量和精加工时机等参数。

（1）【次数】：输入精加工次数。

（2）【间距】：输入精加工量。

（3）【精修次数】：用于输入在精加工次数的基础上再增加的环切次数。

（4）【刀具补正方式】：用于选择精加工的补偿方式。

（5）【精修外边界】：选中该复选框，将对挖槽边界和岛屿进行精加工，否则只对岛屿进行精加工。

（6）【由最靠近的图素开始精修】：选中该复选框，精加工从封闭几何图形的粗加工刀具路径终点开始。

（7）【不提刀】：选择该项，刀具在切削完一层后直接进入下一层，不抬刀，否则回到参考高度再切削下一层。

（8）【进给率】：选中该复选框，可以输入精加工的进给率，否则其进给速率与粗加工相同。

（9）【主轴转速】：选择该项，可以输入精加工的刀具转速，否则其转速与粗加工相同。

（10）【使控制器补正最佳化】：当精加工采用控制器补偿方式时，选中该复选框，可以消除小于或等于刀具半径的圆弧精加工路径。

（11）【只在最后深度才执行一次精修】：当粗加工采用深度分层铣削时，选中该复选框，所有深度方向的粗加工完毕后才进行精加工，且是一次性精加工。

（12）【完成所有槽的粗切后，才执行分层精修】：当粗加工采用深度分层铣削时，选中该复选框，粗加工完毕后再逐层进行精加工，否则粗加工一层后马上精加工一层。

（13）【薄壁精修】：在铣削薄壁件时，单击此按钮，用户还可以设置更细致的薄壁件精加工参数，以保证薄壁件最后的精加工时不变形。

单击【进/退刀参数】按钮，用户还可以设置精加工的导入/导出方式。

10.1.3　平面铣削加工

平面铣削加工主要用于对工件的坯料表面进行加工，以便后续的挖槽、钻孔等加工操作，特别是在对大的工件表面进行加工时其效率非常高。

平面铣削加工参数、设置和挖槽加工参数设置非常相似。下面介绍一些不同的选项，如图 10-27 所示。

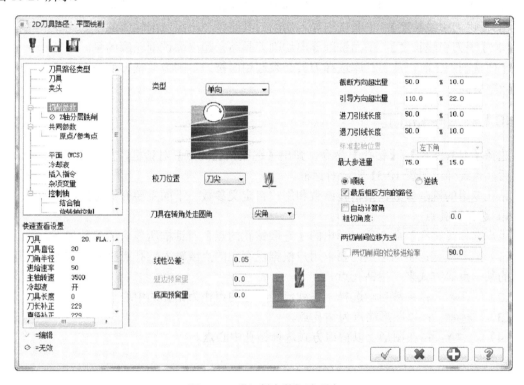

图 10-27　【切削参数】选项卡

1）切削类型

共计有 4 种切削类型，如图 10-28 所示，下面仅介绍常用的 3 种。

（1）【双向】：双向切削方式，一般采用该方式以利于提高效率。

（2）【单向】：单向切削方式。

（3）【一刀式】：一次性切削方式。

2）两切削间位移方式

两切削间位移方式：【高速回圈】、【线性】和【快速进给】。当切削类型选择【双向】时，切削之间位移可用，如图 10-29 所示。

（1）【高速回圈】：两切削间位移位置产生圆弧过渡的刀具路径。

（2）【直线】：两切削间位移位置产生直线的刀具路径。

（3）【快速进给】：两切削间位移位置以 G00 快速移动到下一切削位置。

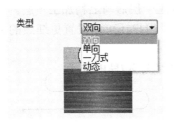

图 10-28　切削类型的选择　　　　　图 10-29　【两切削间位移方式】的选择

3）刀具超出量（如图 10-27 所示）

（1）【截断方向超出量】：截断方向切削刀具路径超出面铣削轮廓的量。

（2）【引导方向超出量】：引导方向切削刀具路径超出面铣削轮廓的量。

（3）【进刀引线长度】：平面铣削导入切削刀具路径超出面铣削轮廓的量。

（4）【退刀引线长度】：平面铣削导出切削刀具路径超出面铣削轮廓的量。

平面铣削加工时，从刀具库选择刀具必须选用面铣刀。因为面铣刀切削面积更大，所以加工效率更高。

10.1.4　钻孔加工

选择【刀具路径】/【钻孔】命令，弹出【选取钻孔的点】对话框，如图 10-30 所示。选择点后，系统弹出如图 10-31 所示对话框。

钻孔专用的铣削参数包括钻孔参数和用户自定义参数。下面主要介绍专用的参数。

1）选择钻孔点

用户选择【钻孔】命令后，弹出的【选取钻孔的点】对话框所包含的参数如下。

（1）　　　　　：手动选点，要求用户根据已存在的点或输入钻孔点坐标，或捕捉几何图形上的某一点等方式来产生钻孔点。

（2）　自动　：系统自动选择一系列已经存在的点作为钻孔的中心点。

（3）　选取图素　：以图形端点为钻孔点。

（4）　W 窗选　：在图形上以窗口方式选择钻孔中心点。

图 10-30　【选取钻孔的点】对话框

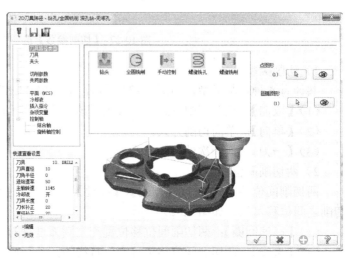

图 10-31　钻孔专用铣削参数设置

2）钻孔方式

系统提供了 9 种钻孔方式供用户选择，如图 10-32 所示。

（1）【Drill/Counterbore】：标准钻孔方式，主要用于钻削孔的深度小于 3 倍钻头直径的孔或用于镗沉头孔。

（2）【深孔啄钻（G83）】：主要用于钻削孔的深度大于 3 倍钻头直径的孔，特别适用于不宜排屑的情况。

（3）【断屑式（G73）】：主要用于钻削孔的深度大于 3 倍钻头直径的孔，与深孔啄钻不同之处在于钻头不需要退回到安全高度或参考高度，而只需回缩少量的高度，可减少钻孔时间，但其排屑能力不如深孔啄钻。

（4）【攻牙（G84）】：主要用于攻左旋或右旋内螺纹。

（5）【Bore #1（feed-out）】：该方式以设置的进给速度进刀到孔底，再以相同的速度退刀到孔表面（即进行两次镗孔），产生光滑的镗孔效果。

（6）【Bore #2（stop spindle，rapid out）】：该方式以设置的进给速度进刀到孔底，然后主轴停止旋转并快速退刀（即只进行一次镗孔），产生的镗孔效果较 Bore#1 稍差。

（7）【Fine Bore（shift）】：高级镗孔方式，以设置的进给速度进刀到孔底，然后主轴停止旋转并将刀具旋转一定角度，使刀具离开孔壁（避免快速退刀时刀具划伤孔壁），然后快速退刀。

（8）【Rigid Tapping Cycle】：刚性攻牙。

（9）【自设循环 9】：自定义钻孔方式。

3）刀尖补正

刀尖补正功能用于自动调整钻削的深度至钻头前端斜角部位的长度，以作为钻头端的刀尖补正值。单击【共同参数】/【刀尖补正】选项卡，选中【刀尖补正】，如图 10-33 所示设置所需参数。

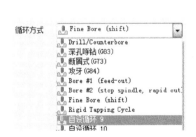

图 10-32　钻孔方式

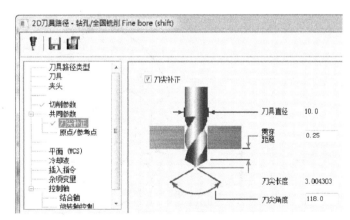

图 10-33　【刀尖补正】选项卡

10.1.5　雕刻加工

雕刻加工主要用于对文字及产品装饰图案进行雕刻加工，以提高产品的美观性。

【雕刻参数】设置如图 10-34 所示。雕刻加工的主要参数和前面介绍的相关参数含义相同。需要注意的是，雕刻加工一般采用 V 形加工刀具，在雕刻加工模块下可直接在刀库中选择 V 形加工刀具。

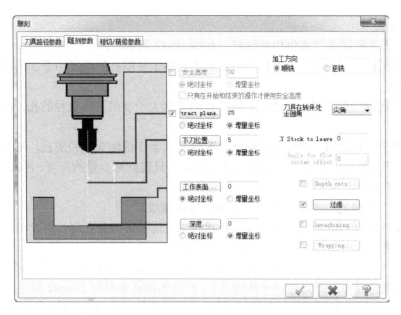

图 10-34 【雕刻参数】设置

10.2 二维综合铣削实例

本加工实例要求将毛坯顶面去除 2mm，外形加工的深度为 15mm，中心槽和环形槽深度为 10mm，6 个 ϕ10 的孔为通孔。根据加工图形的特点、尺寸和加工要求，分别进行面铣削、外形铣削、中心槽和环形槽铣削、钻孔加工。

2D 综合铣削加工图如图 10-35 所示。

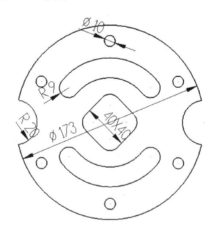

图 10-35 2D 综合铣削加工图

10.2.1 实例 平面铣削

本例利用平面铣来进行第一步加工。

操作步骤

[1] 在菜单栏中选择【机床类型】/【铣床】/【默认】命令，选择默认的铣床系统。

[2] 在【操作管理】/【刀具设置】中，单击属性树节点下的【素材设置】选项，系统弹出【素材设置】选项卡，设置工件坯料尺寸和素材原点，设置如图 10-36 所示的选项及参数。单击【确定】按钮 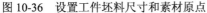，完成设置的工件毛坯如图 10-37 所示。

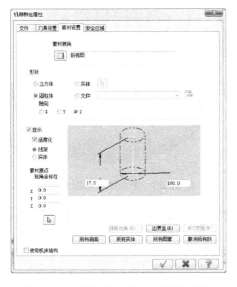

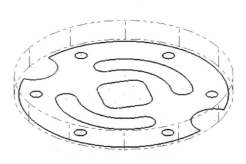

图 10-36　设置工件坯料尺寸和素材原点　　　　　　图 10-37　工件毛坯图

[3] 在菜单栏中选择【刀具路径】/【平面铣】命令。系统弹出【串连选项】对话框。由于已经设置好了工件毛坯，因此可以不选择加工轮廓，直接在【串连选项】对话框中单击【确定】按钮 ✓。系统弹出【平面铣削】对话框，在【刀具】选项卡中，选择刀具为 $\phi 20$ 的平底刀，进行如图 10-38 所示设置。

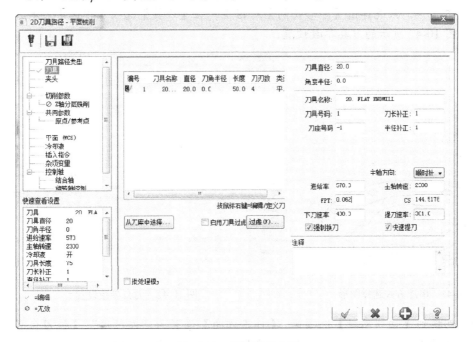

图 10-38　设置刀具参数

[4] 切换到【切削参数】选项卡，将【类型】改为【双向】，其他参数保持默认设置。

切换到【共同参数】选项卡，将【深度】改为"-2"，其他参数保持默认设置。在【平面铣削】对话框中单击【确定】按钮 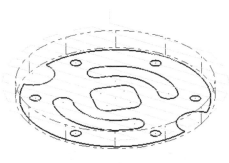，创建平面铣削加工刀具路径如图 10-39 所示。图 10-40 所示为平面加工模拟效果图。

图 10-39　平面铣削加工刀具路径　　　　图 10-40　平面加工模拟图

[5]　单击【操作管理】/【刀具路径】中【刀具路径显示切换】按钮 ≈，将选中的平面加工操作刀具路径隐藏起来。

10.2.2　实例　外形铣削

本例利用外形铣削来进行第二步加工。

操作步骤

[1]　在菜单栏中选择【刀具路径】/【外形铣削】命令，系统弹出【串连选项】对话框。以串连方式选择如图 10-41 所示外形，然后单击【串连选项】对话框中的确定按钮 ，系统弹出【外形铣削】对话框。在【刀具】选项卡中选定刀具，进行如图 10-42 所示的刀具参数设置。

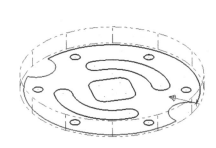

图 10-41　串连方式选择图形　　　　图 10-42　刀具参数设置

[2]　切换到【切削参数】选项卡，【补正方向】设置为"左补偿"，【校刀位置】设置为"中心"，其他默认。切换到【切削参数】/【Z 轴分层铣削】选项卡，【最大粗切步进量】设为"5"，【精修次数】设为"1"，【精修量】设为"0.5"，其他保持默认设置。

[3] 切换到【切削参数】/【进退/刀参数】选项卡，将进退刀参数中【长度】和【圆弧】均设为"50"，其他默认。切换到【切削参数】/【XY 轴分层铣削】选项卡，将粗加工【次数】设为"2"，精加工【次数】设为"1"，其他参数保持默认设置。

[4] 切换到【共同参数】选项卡，将【工件表面】设为"17"、【深度】设为"0"，其他默认。在【外形铣削】对话框中单击【确定】按钮 ☑，创建外形铣削加工刀具路径，如图 10-43 所示。图 10-44 为外形铣削模拟加工图。

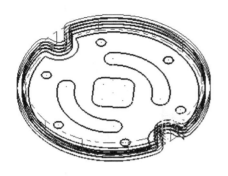 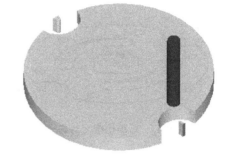

图 10-43　外形铣削加工刀具路径　　　　　图 10-44　外形铣削模拟加工图

[5] 单击【操作管理】/【刀具路径】中【刀具路径显示切换】按钮 ≋，将选中的外形铣削加工操作刀具路径隐藏起来。

10.2.3　实例　2D 挖槽

本例利用 2D 挖槽命令来进行第三步加工。

操作步骤

[1] 在菜单栏中选择【刀具路径】/【2D 挖槽】命令，系统弹出【串连选项】对话框，以串连方式选择如图 10-45 所示的 3 条串连外形，然后单击【确定】按钮 ☑，系统弹出【标准挖槽】对话框。在【刀具】选项卡中选定刀具，进行如图 10-46 所示的刀具路径参数设置。

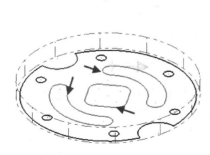 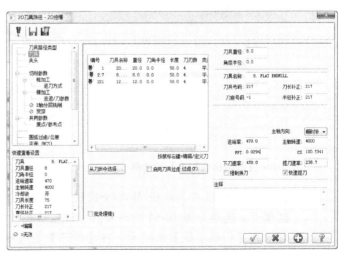

图 10-45　挖槽串连　　　　　　　　图 10-46　刀具路径参数设置

[2] 切换到【切削参数】/【粗加工】/【进刀模式】选项卡。为避免刀尖与工件毛坯表面发生瞬间猛然的垂直碰撞，选择螺旋式下刀。切换到【共同参数】选项卡，将【深度】设为"5"，其他保持默认设置。在【标准挖槽】对话框中单击【确定】按钮，创建标准挖槽刀具路径如图 10-47 所示。图 10-48 所示为外形铣削模拟加工图。接着将刀具路径隐藏起来。

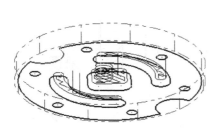

图 10-47　标准挖槽刀具路径

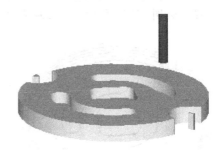

图 10-48　挖槽加工模拟

10.2.4　实例　钻孔

本例利用钻孔命令来进行第四步加工。

操作步骤

[1] 在菜单栏中选择【刀具路径】/【钻孔】命令，系统弹出【选取钻孔的点】对话框，如图 10-49 所示。单击 选取图素(s) 按钮，依次选择如图 10-50 所示图形中的 6 个圆，在【选取钻孔的点】对话框中单击【确定】按钮。

图 10-49　【选取钻孔的点】对话框

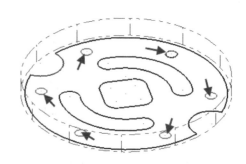

图 10-50　定义钻孔点

[2] 系统弹出【2D 刀具路径-钻孔/全圆铣削 深孔钻-无啄钻】对话框。切换到【刀具】选项卡，选择如图 10-51 所示刀具，设置钻孔的刀具路径参数。

[3] 切换到【切削参数】选项卡，在【循环】复选框中选择【Drill/Counterbore】。切换到【共同参数】/【补正方式】选项卡，将【贯穿距离】设为"5"，其他参数保持默认设置。在【钻孔/全圆铣削 深孔钻-无啄钻】对话框中单击【确定】按钮。创

建钻孔铣削加工刀具路径如图 10-52 所示。

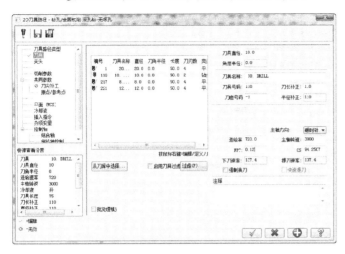

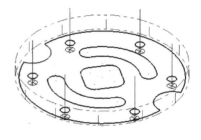

图 10-51　设置钻孔的刀具路径参数　　　　　图 10-52　钻孔铣削加工刀具路径

[4]　在【刀具路径】管理器的工具栏中单击 ◢（选择所有的操作），选中所有的加工操作【操作管理】/【刀具路径】，如图 10-53 所示。在【操作管理】/【刀具路径】中单击【验证已选择的操作】◢按钮，打开【验证】对话框，设置相关选项及参数。实体加工模拟完成效果如图 10-54 所示。

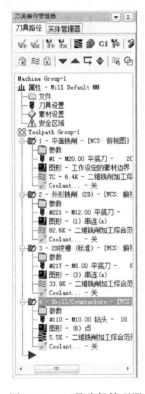

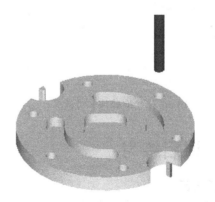

图 10-53　刀具路径管理器　　　　　图 10-54　实体加工模拟完成效果

[5]　在【验证】对话框中单击【选项】按钮 ◩，打开【验证选项】对话框，增加选中【删除剩余的材料】复选框，如图 10-55 所示，然后单击【确定】按钮 ◢。

图 10-55 【验证选项】对话框

[6] 在【验证】对话框中单击【机床】按钮▶，开始进行加工模拟。完成的实体加工模拟结果如图 10-54 所示，同时系统弹出如图 10-56 所示的【拾取碎片】对话框。在【拾取碎片】对话框中选中【保留（仅一个）】单选按钮，单击 拾取(P) 按钮。在绘图区单击要保留的主体零件，然后单击【拾取碎片】对话框中的【确定】按钮 ✓ ，结果如图 10-57 所示。在【验证】对话框中，单击【确定】按钮 ✓ 。

[7] 执行后处理，保存文件。

图 10-56 【拾取碎片】对话框

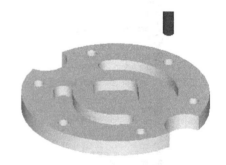

图 10-57 实体加工模拟效果图

10.3 课后练习

1．思考题

（1）简述二维铣削加工的特点。

（2）常用铣削方式有哪些？简述各种铣削方式的特点。

2．上机题

（1）要求使用几种常用的二维铣削加工方式实现图 10-58 所示二维图形的加工。

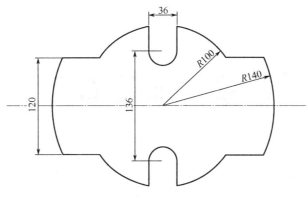

图 10-58　二维图形

（2）如图 10-59 所示，要求将毛坯顶面去处 2mm，外形加工的深度为 15mm，中心槽和环形槽深度为 10mm，开放槽的深度为 5mm，4 个 $\phi10$ 的孔为通孔。毛坯工件尺寸为 150mm× 175mm×17mm。根据加工图形的特点、尺寸和加工要求，试选择适当的加工方法进行加工。

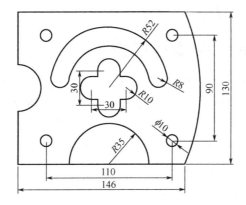

图 10-59　毛坯平面图

第 *11* 章 三维曲面加工

曲面加工主要用于加工曲面或实体表面等复杂型面，是任何 CAM 软件主要解决的问题，也是 CAM 研究领域的一个主要课题。曲面加工即三维加工。三维加工特点是曲面加工在 Z 向与 XY 方向的联动，形成三维样式的刀具路径。曲面加工是 Mastercam X6 系统加工模块中的核心部分。本章我们来学习 Mastercam X6 系统强大的曲面粗/精加工功能。

【学习要点】

- Mastercam X6 的曲面粗加工。
- Mastercam X6 的曲面精加工。

11.1 曲面加工的共同参数设置

Mastercam X6 的曲面加工方式有多种，设置方式也各有区别，但是各种加工方式仍有一些共同参数。曲面加工除了包括共同刀具参数外，还包括共同曲面参数和一组特定铣削方式专用的设置参数，如图 11-1 所示。

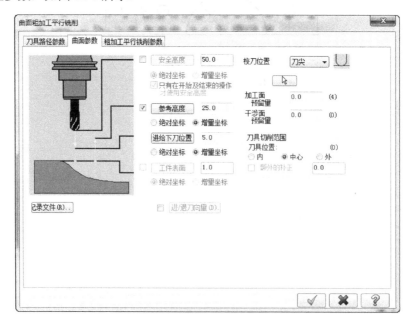

图 11-1　曲面加工的共同参数设置

本节介绍曲面加工的共同参数主要包括高度设置、进/退刀向量、刀具位置等。

1．高度设置

高度设置包括【安全高度】、【参考高度】和【进给下刀位置】三方面，含义与二维加工基本相同。因为曲面加工的最后深度由曲面外形自动决定，故无须设置。

2．进/退刀向量

单击图 11-1 中的【进/退刀向量】按钮，用于设置曲面加工时刀具的切入和退出方式，系统弹出如图 11-2 所示对话框。

【进刀向量】和【退刀向量】相关参数基本相同，它们的含义如下。

（1）【垂直进刀角度】/【提刀角度】：设置进刀和退刀的垂直角度。

（2）【XY 角度（垂直角≠0）】：设置进/退刀线与 X、Y 轴的相对角度。

（3）【进刀引线长度】/【退刀引线长度】：设置进/退刀线的长度。

（4）【相对于刀具】：设置进/退刀线的参考方向。

（5）【向量】：单击该按钮，系统弹出【向量】对话框，用户可以输入 X、Y、Z 方向的向量来确定进/退刀线的长度和角度。

（6）【参考线】：单击该按钮，用户可以选择存在的线段来确定进/退刀线位置、长度和角度。

3．校刀位置

在校刀位置下拉列表框中可以选择刀具补偿的位置为刀尖或中心。选择刀尖补偿时，产生的刀具路径显示为刀尖所走的轨迹；选择中心补偿时，产生的刀具路径显示为中心所走的轨迹。

4．刀具路径曲面选取

单击  按钮，系统弹出如图 11-3 所示的对话框，用户可以修改加工曲面、干涉曲面及边界范围。

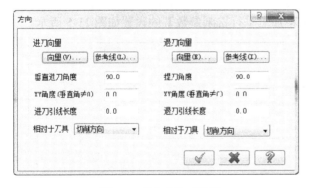

图 11-2 【方向】对话框

图 11-3 【刀具路径的曲面选取】对话框

加工曲面是指需要加工的曲面。干涉曲面是指不需要加工的曲面。边界范围是指在加工曲面的基础上再给出某个区域进行加工，目的是针对某个结构进行加工，减少空走刀，提高加工效率。

5．预留量设置

1）加工面预留量

在进行粗加工时一般需要设置加工曲面的预留量，此值一般为"0.3～0.5"，一般在精加工时的预留量为"0"。该选项用于设置加工曲面的加工余量。

2）干涉面预留量

为了防止切到禁止加工的表面，就要将禁止加工的表面设置为干涉面加以保护。该选项用于设置加工刀具避开干涉面的距离，以防止刀具碰撞干涉面。

6．刀具控制

刀具控制选项组用于设置刀具补偿范围，系统提供了 3 种补偿范围方式。当用户选择【内】或者【外】刀具补偿范围方式时，还可以在【额外的补正】文本框中输入补偿量。

（1）【内】：刀具在加工区域的内侧切削，即切削范围就是选择的加工区域。

（2）【中心】：刀具中心走加工区域的边界，即切削范围比选择的加工区域多一个刀具半径。

（3）【外】：刀具在加工区域外侧切削，即切削范围比选择的加工区域多一个刀具直径。

（4）【额外的补正】：输入额外的补偿量。如果需要加工范围大些，可以输入一个负的轮廓补正。反之，要使加工范围小一些，可以输入一个正的轮廓补正。

11.2 曲面粗加工

粗加工的目的是最大限度地切除工件上的多余材料。如何发挥刀具的能力和提高生产率是粗加工的目标，粗加工中一般采用平底端铣刀。

在菜单栏中选择【刀具路径】/【曲面粗加工】，可以打开【曲面粗加工】菜单，如图 11-4 所示。曲面粗加工包括平行铣削加工、放射状加工、投影加工、流线加工、等高外形加工、粗加工残料加工、粗加工挖槽加工和粗加工钻削式加工。

11.2.1 平行铣削加工

图 11-4 【曲面粗加工】菜单

平行铣削加工产生平行的切削刀具路径，是一个简单、有效和常用的粗加工方法，适用于工件形状中凸出物和沟槽较少的情况。【粗加工平行铣削参数】的设置如图 11-5 所示。

图 11-5 【粗加工平行铣削参数】的设置

1．整体误差

关于设定刀具路径的精度误差，一般为 0.025～0.2。公差值越小，加工后的曲面就越接近真实曲面，当然加工时间也就越长。

2．切削方式

切削方式命令用于设置刀具在 XY 方向的走刀方式，可选择【单向】和【双向】两种方式。

（1）【单向】：加工时刀具只沿一个方向进行切削，该方式容易取得更为理想的加工表面质量。

（2）【双向】：刀具在完成一行切削后即转向进行下一行的切削。利用双向方式可节省抬刀时间，所以除非特殊情况，一般采用双向切削。

3．最大 Z 轴进给量

最大 Z 轴进给量命令用于设置两相邻切削层间的最大 Z 方向下刀量。进给量设置越大，生成的刀路层次越少，加工越快，加工出来的工件就越粗糙，一般为 0.5～2mm。

4．最大切削间距

最大切削间距命令用于设置同一层中相邻切削路径间的最大进给量。该值必须小于刀具直径，一般粗加工时最大可设置为刀具直径的 75％～85％。在刀具所能承受的负荷范围内，最大切削间距越大，生成的刀具路径数目越少，加工效率越高。

5．加工角度

加工角度命令用于设置刀具路径与刀具平面 X 轴的夹角，逆时针方向为正。

6．下刀的控制

下刀的控制命令用于控制下刀和退刀时刀具在 Z 轴方向的移动方式，包括以下选项。

（1）【切削路径允许连续下刀提刀】：允许刀具在切削时进行连续的提刀和下刀，适用于多重凸凹曲面的加工。

（2）【单侧切削】：刀具只在曲面单侧下刀或提刀。

（3）【双侧切削】：刀具只在曲面双侧下刀或提刀。

7．定义下刀点

选中【定义下刀点】复选框，在设置完各参数后，系统提示用户指定起始点，系统以距离选取点最近的角点为刀具路径的起始点。

8．允许沿面下降/上升切削

（1）【允许沿面下降切削（–Z）】：选中该复选框，允许刀具沿曲面下降，使切削结果更光滑，否则切削结果为阶梯状。

（2）【允许沿面上升切削（+Z）】：选中该复选框，允许刀具沿曲面上升，使切削结果更光滑。

9．切削深度

单击【切削深度】按钮，弹出【切削深度设置】对话框，如图 11-6 所示。用户可以设置深度距离曲面顶面及底面的距离。

（1）在绝对坐标表示法下，用以下两个参数表示切削深度。

- 【最高位置】：设置刀具在切削工件时，刀具上升的最高点。或者说刀具切削工件时，第一次落刀深度。
- 【最低位置】：设置刀具路径在切削过程（刀具切削工件）时，最后一次落刀深度。

（2）在增量坐标表示下，用以下两个参数表示切削深度。

- 【第一刀的相对位置】：用于设置刀具切削工件时，工件顶面的预留量。
- 【其他深度的预留量】：用于设置刀具切削工件时，工件底部的预留量。

10. 间隙设置

间隙设置命令用于设置当曲面具有开口或不连续时的刀具路径连接方式。当刀具遇到大于允许间隙时提刀移动。小于允许间隙时，系统提供 4 种刀具移动方式。

单击【间隙设置】按钮，弹出【刀具路径的间隙设置】对话框，如图 11-7 所示。

【刀具路径的间隙设置】对话框中相关参数的含义如下。

（1）【重置】：单击该按钮，可重新设置该对话框中的所有选项。

（2）【容许的间隙】：用于设置刀具路径的允许间隙值，包括以下两个选项。

- 【距离】：设置刀具路径的间隙距离。
- 【步进量的百分比】：设置间隙距离为与平面进给量的百分比。

（3）【位移小于容许间隙时，不提刀】：设置当刀具的移动量小于设置的曲面允许间隙值时，刀具在不提刀情况下的移动方式，有以下 4 种方式。

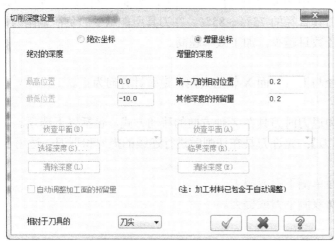

图 11-6 【切削深度设置】对话框

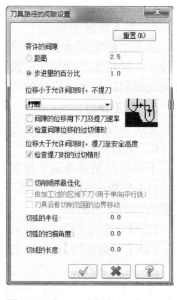

图 11-7 【刀具路径的间隙设置】

- 【直接】：刀具直接越过间隙，即刀具直接从一曲面刀具路径的终点移动到另一曲面刀具路径的起点。
- 【打断】：刀具首先从一曲面刀具路径的终点沿 Z 方向移动，再沿 XY 方向移动到另一曲面刀具路径的起点。
- 【平滑】：刀具以平滑方式从一曲面刀具路径的终点移动到另一曲面刀具路径的起点，适用于高速加工。
- 【沿着曲面】：刀具从一曲面刀具路径的终点沿着曲面外形移动到另一曲面的路径的起点。

（4）【位移大于容许间隙时，提刀至安全高度】：移动量大于容许间隙，提刀到参考高度，再移动到下一点切削。当选中【检查提刀时的过切情形】复选框时，可对提刀和下刀进行过切检查。

（5）【切削顺序最佳化】：选中该复选框，刀具将分区进行切削直到某一区域所有加工完成后转入下一区域，以减少不必要的反复移动。

（6）【由加工过的区域下刀（用于单向平行铣）】：选中该复选框，允许刀具从加工过的区域下刀。

（7）【刀具沿着切削范围的边界移动】：选中该复选框，允许刀具以一定间隙沿边界切削，刀具是以 XY 方向移动，以确保刀具留在边界上。

（8）在曲面的边界加上一段引导圆弧，以便于提高切削的平稳性。切弧可由以下 3 个参数决定。

- 【切弧的半径】：用于输入边界处刀具路径延伸的切弧半径，此参数要配合扫描角度使用。
- 【切弧的扫描角度】：用于输入边界处刀具路径延伸的切弧角度，此参数要配合切弧半径使用。
- 【切弧的长度】：用于输入边界处刀具路径延伸的切线长度。

11．高级设置

单击【高级设置】按钮，弹出【高级设置】对话框，如图 11-8 所示。利用该对话框可以设置刀具在曲面或实体边缘处的运动方式，可设置曲面边缘角落圆角加工。

图 11-8　【高级设置】对话框

【高级设置】对话框中相关选项的含义如下。

（1）【重设】：单击该按钮，可重新设置该对话框中的所有选项。

（2）【刀具在曲面（实体面）的边缘走圆角】：设置曲面边界走圆角刀具路径的方式，包括以下 3 个选项。

- 【自动（以图形为基础）】：由系统根据曲面实际情况自动选择是否在曲面边缘走圆角刀具路径。
- 【只在两曲面（实体面）之间】：刀具只在曲面间走圆角刀具路径，即刀具从一个曲面的边界移动到另一个曲面时在边界处走圆角刀具路径。
- 【在所有的边缘】：刀具在所有曲面边界走圆角刀具路径。

（3）【尖角部分的误差（在曲面/实体面的边缘）】：用于设置刀具切削边缘时对锐角部分的移动量容差，该值越大，产生的刀具路径越平缓。包括以下两种设置方式。

- 【距离】：通过设置一个指定距离来控制切削方向中的锐角部分。
- 【切削方向误差的百分比】：通过设置一个公差来控制切削方向中的锐角部分。

（4）【忽略实体中隐藏面的侦测】：当实体中有隐藏面时，隐藏面不产生刀具路径。

（5）【检查曲面内部的锐角】：在计算刀具路径时，系统自动检查曲面内的锐角，通常要选中此复选框。

11.2.2　放射状加工

放射状加工是指刀具绕一个旋转中心进行工件某一范围内的放射性加工，适用于圆形、边界等值或对称性工件的加工类型。【放射状粗加工参数】设置如图 11-9 所示。大部分的参数设置和平行粗加工相同，下面介绍不同的参数。

1．起始点

（1）【由内而外】：刀具从放射状中心点向圆周切削（即由内而外切削）。

（2）【由外而内】：刀具从放射状圆周向中心点切削（即由外而内切削）。

2．最大角度增量

【最大角度增量】用于输入放射状切削加工两相邻刀具路径的增量角度，从而达到控制加工路径的密度。

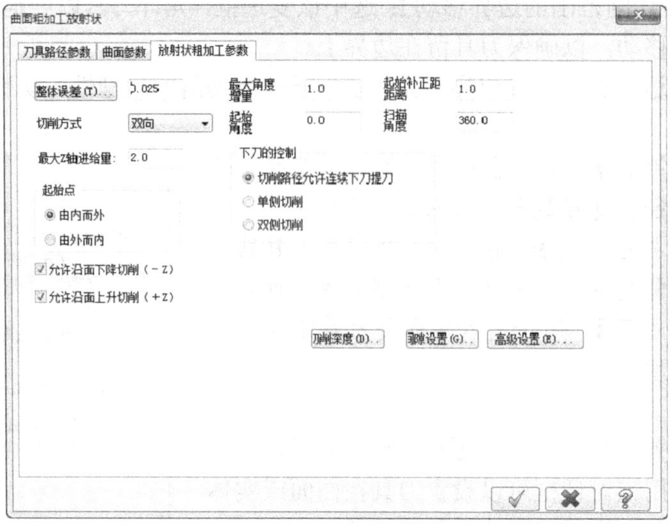

图 11-9 【放射状粗加工参数】设置

3．起始角度

【起始角度】用于输入放射状切削刀具路径的起始角度。

4．扫描角度

【扫描角度】用于输入放射状切削刀具路径的扫描角度，即放射刀具路径的覆盖范围。

5．起始补正距离

【起始补正距离】用于输入放射状切削刀具路径起切点与中心点的距离。

11.2.3 投影加工

投影加工方法是将存在的刀具路径或几何图形投影到曲面上产生粗切削刀具路径。投影加工方法可以加工任意的零件形状，【投影粗加工参数】设置如图 11-10 所示。大部分的参数设置和平行粗加工相同，下面介绍不同的参数。

图 11-10 【投影粗加工参数】设置

1．投影方式

（1）【NCI】：用户可以选择右侧【原始操作】列表框内已经存在的加工操作投影到加工曲面来产生投影粗加工刀具路径。

（2）【曲线】：用户可以选择几何图形投影到加工曲面来产生投影粗加工刀具路径。

（3）【点】：用户可以选择存在的一组点投影到加工曲面来产生投影粗加工刀具路径。

2．两切削间提刀

在两次投影加工之间刀具抬刀，以免产生连切。

11.2.4　流线加工

流线加工方式可以顺着曲面流线方向产生粗切削刀具路径，【曲面流线粗加工参数】设置如图 11-11 所示。大部分的参数设置和平行粗加工相同，下面介绍不同的参数。

图 11-11　【曲面流线粗加工参数】设置

1．切削控制

（1）【距离】：用户可以输入切削方向的步进值。

（2）【执行过切检查】：系统将执行过切检查。

2．截断方向的控制

（1）【距离】：用户可以输入截断方向的步进值。

（2）【环绕高度】：系统以输入的环绕高度来控制截断方向的步进量，环绕高度越小，截断方向的步进量也越小。

3．流线参数设置

单击【曲面参数】选项卡中的【校刀位置】中的 [按钮]按钮，如图 11-12 所示，弹出【刀具路径曲面选择】对话框，如图 11-13 所示。单击【曲面流线】按钮，弹出【曲面流线设置】对话框，如图 11-14 所示。利用【曲面流线设置】对话框可以设置刀具路径的补正方向、切削方向、每一层刀具路径的移动方向及刀具路径的起起点等。

【方向切换】可设置以下切换参数。

（1）【补正方向】：用于切换曲面法向和曲面法向反方向之间刀具半径补偿方向。

（2）【切削方向】：用于切换切削方向和截断方向。

（3）【步进方向】：用于切换刀具路径的起始边。

（4）【起始点】：用于切换刀具路径的下刀点。

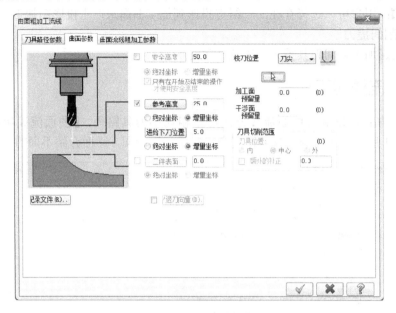

图 11-12 【曲面参数】设置

图 11-13 【刀具路径的曲面选取】对话框

图 11-14 【曲面流线设置】对话框

11.2.5 等高外形加工

等高外形加工是指所产生的刀具路径在同一层高度，并且加工时工件余量不可大于刀具直径，以免造成切削不能完成。常用于加工铸造、锻造的工件，或对零件进行二次粗加工。

【等高外形粗加工参数】设置如图 11-15 所示。大部分的参数设置和平行粗加工相同，下面介绍不同的参数。

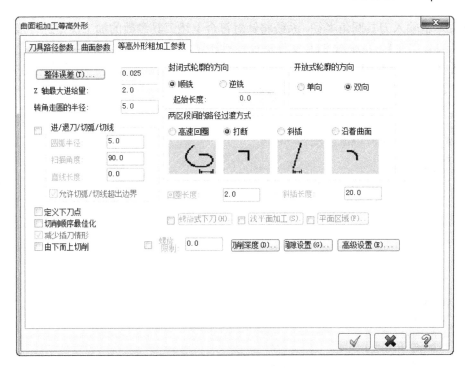

图 11-15 【等高外形粗加工参数】设置

（1）【封闭式轮廓的方向】。

- 【顺铣】：刀具采用顺铣削方式。
- 【逆铣】：刀具采用逆铣削方式。
- 【起始长度】：用于输入每层等高外形粗加工刀具路径起切点与系统默认起切点的距离，此功能的使用可以使每层刀具路径加入进/退刀向量，避免直接下刀。

（2）【两区段间的路径过渡方式】。

- 【高速回圈】：刀具以平滑方式越过曲面间隙，此方式常用于高速加工。
- 【打断】：刀具以打断方式越过曲面间隙。
- 【斜插】：刀具直接越过曲面间隙。
- 【沿着曲面】：刀具以沿曲面上升或下降方式越过曲面间隙。

（3）【螺旋式下刀】：将激活螺旋下刀功能。

（4）【浅平面加工】：将激活浅平面切削功能。

（5）【平面区域】：将激活平面切削功能。

11.2.6 粗加工残料加工

该加工方式是一种非常实用的粗加工方法，可以对前面加工操作留下的残料区域产生粗切削刀具路径，其专用的粗加工参数包括【残料加工参数】和【剩余材料参数】。其中【残料加工参数】选项卡中的参数设置和等高外形粗加工参数设置基本相同，下面主要介绍如图 11-16 所示【剩余材料参数】选项卡中的参数。

1. 剩余材料的计算

（1）【所有先前的操作】：对前面所有的加工操作进行残料计算。

（2）【另一个操作】：用户可选择右侧加工操作栏中的某个加工操作进行残料计算。

（3）【自设的粗加工刀具路径】：用户可以在【刀具直径】文本框输入刀具直径，在【刀角半径】文本框输入刀具圆角半径，系统将针对符合上述刀具参数的加工操作进行残料计算。

（4）【STL 文件】：系统对 STL 文件进行残料计算。

（5）【材料的解析度】：输入的数值将影响残料加工的质量和速度，小的数值能产生好的残料加工质量，大的数值能加快残料加工速度。

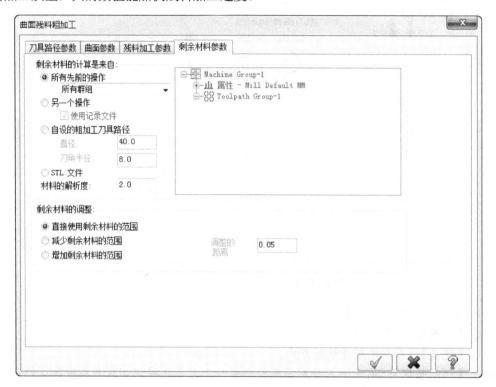

图 11-16 【剩余材料参数】对话框

2．剩余材料的调整

（1）【直接使用剩余材料的范围】：选中该单选按钮残料的去除以系统计算的数值为准。

（2）【减少剩余材料的范围】：选中该单选按钮将系统计算的残料范围减小到【调整的距离】文本框所输入的值。

（3）【增加剩余材料的范围】：选中该单选按钮将系统计算的残料范围扩大到【调整的距离】文本框所输入的值。

11.2.7 粗加工挖槽加工

挖槽粗加工也称为口袋粗加工，是一个效率高的曲面加工方法。与二维挖槽加工类似，刀具切入的起始点可以人为控制，这样可以选择切入起始点在工件之外，再逐渐切入，使得切入过程平稳，保证加工质量。其专用的粗加工参数包括【粗加工参数】和【挖槽参数】。其中【挖槽参数】选项卡中的参数设置和平面挖槽加工参数设置基本相同，下面主要介绍如图 11-17 所示【粗加工参数】选项卡中的参数。

（1）【螺旋式下刀】：将启动螺旋/斜线下刀方式。

（2）【指定进刀点】：系统以选择加工曲面前选择的点作为刀具路径起始点。

（3）【由切削范围外下刀】：系统从挖槽边界外下刀。

（4）【下刀位置针对起始孔排序】：系统从起始孔下刀。

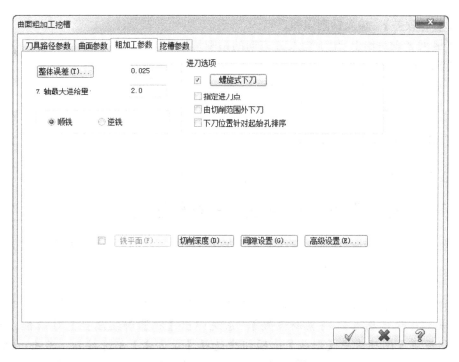

图 11-17 【粗加工参数】选项卡

11.2.8 粗加工钻削式加工

粗加工钻削式加工是一种快速去除大量材料的加工方法，刀具进刀方式类似于钻孔加工。【钻销式粗加工参数】设置如图 11-18 所示。

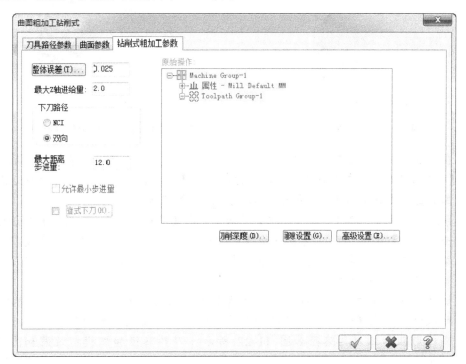

图 11-18 【钻销式粗加工参数】设置

（1）【整体误差】：输入钻削误差。

（2）【最大 Z 轴进给】：用于输入 Z 方向的钻削量。

（3）【NCI】：用户可以选择右侧的某个加工操作作为钻削刀具路径。

（4）【双向】：采用来回钻削刀具路径。

（5）【最大距离】：用于输入 XY 方向的钻削进给量。

11.3 曲面粗加工实例

本节我们以几个简单的实例来练习一下前面讲述的几种曲面粗加工方法。

11.3.1 实例 等高外形粗加工——可乐瓶底

本例要求使用等高外形粗加工方法，加工如图 11-19 所示的可乐瓶底的外形曲面。

操作步骤

[1] 打开可乐瓶底曲面造型文件，如图 11-19 所示。在【操作管理】/【刀具路径】中，打开【属性】/【素材设置】，系统弹出【机器群组属性】对话框。在【素材设置】选项卡中【形状】选项组中选择【立方体】单选按钮。单击 所有图素 按钮，系统给出包括所有图素的工件外形尺寸，可适当修改工件高度，并设置素材原点，单击【确定】按钮 ✓，完成工件毛坯设置后的图形效果如图 11-20 所示。

图 11-19　原始图　　　　　　　图 11-20　完成设置毛坯后的效果

[2] 在菜单栏中选择【刀具路径】/【曲面粗加工】/【等高外形加工】命令，系统弹出【输入新 NC 名称】对话框，输入名称，单击【确定】按钮 ✓。系统提示选择加工曲面，使用鼠标框选所有的曲面，按 Enter 键确认。

[3] 系统弹出【刀具路径的曲面选取】对话框，在【刀具路径的曲面选取】对话框中单击【确定】按钮 ✓。系统弹出【曲面粗加工等高外形】对话框。在【刀具路径参数】选项卡中单击【选择刀库】按钮，系统弹出选择刀具对话框，选定刀具并设置如图 11-21 所示参数。

[4] 切换至【曲面参数】选项卡，设置【加工面预留量】为 "0.2"，其他参数保持默认设置。在【曲面粗加工挖槽】对话框中单击【确定】按钮 ✓。创建的等高外形粗加工刀具路径如图 11-22 所示。刀具路径加工模拟效果如图 11-23 所示。

图 11-21　设置刀具路径参数

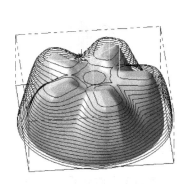

图 11-22　等高粗加工刀具路径

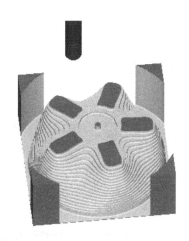

图 11-23　刀具路径模拟

11.3.2　实例　残料粗加工——可乐瓶底

本例要求使用残料粗加工方法，继续加工前一实例的可乐瓶底的外形曲面。

操作步骤

[1] 选择【刀具路径】/【曲面粗加工】/【粗加工残料加工】命令，系统提示选择加工曲面，使用鼠标框选所有的曲面，单击【确定】按钮 √ ，系统弹出【刀具路径的曲面选取】对话框，如图 11-24 所示。单击【边界范围】选项下的【选择】按钮 ▷ ，选择如图 11-25 所示的矩形边界，然后单击对话框中的【确定】按钮 √ 。

图 11-24 【刀具路径的曲面选取】对话框

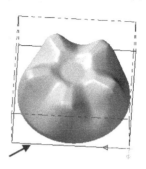

图 11-25 选择边界

[2] 系统弹出【曲面残料粗加工】对话框。在【刀具路径参数】选项卡中单击【选择刀具】按钮，系统弹出选择刀具对话框，选定刀具并设置如图 11-26 所示参数。

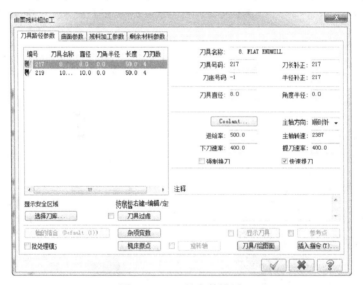

图 11-26 刀具参数设置

[3] 其他选项卡的参数保持默认设置，在【曲面残料粗加工】对话框中，单击【确定】按钮 ✓，生成如图 11-27 所示残料铣削粗加工刀具路径。刀具路径加工模拟效果如图 11-28 所示。选中残料铣削粗加工，单击【操作管理】|【刀具路径】里的 ≋ 按钮将该新生成的刀具路径隐藏起来。

图 11-27 残料粗加工刀具路径

图 11-28 刀具路径加工模拟效果

11.3.3 实例 粗加工挖槽加工——烟灰缸

本例要求使用粗加工挖槽加工方法，加工如图 11-29 所示的烟灰缸的曲面造型。

操作步骤

[1] 打开创建好的烟灰缸曲面文件，如图 11-29 所示。在【操作管理】/【刀具路径】中，打开【属性】/【材料设置】，系统弹出【机器群组属性】对话框。在【材料设置】选项卡中【形状】选项组中选择【立方体】单选按钮。单击 所有图素 按钮，系统给出包括所有图素的工件外形尺寸，可适当修改工件高度，并设置素材原点，单击【确定】按钮 ✓ ，完成工件毛坯设置后的图形效果如图 11-30 所示。

[2] 在菜单栏中选择【刀具路径】/【曲面粗加工】/【粗加工挖槽加工】命令，系统弹出【输入新 NC 名称】对话框。输入名称，单击【确定】按钮 ✓ 。系统提示选择加工曲面，使用鼠标框选所有的曲面，按 Enter 键确认。

[3] 系统弹出【刀具路径的曲面选取】对话框，在该对话框的【边界范围】选项组中单击【选择】按钮 ↘ ，系统弹出【串连选项】对话框。以串连的方式选择如图 11-31 所示的矩形边界线，按 Enter 键确定。在【刀具路径的曲面选取】对话框中单击【确定】按钮 ✓ 。

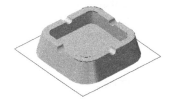

图 11-29 原始图

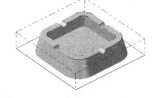

图 11-30 完成设置毛坯后的效果

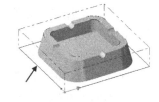

图 11-31 指定串联曲线边界线

[4] 系统弹出【曲面粗加工挖槽】对话框，在【刀具路径参数】选项卡中单击【选择刀库】按钮，系统弹出选择刀具对话框，选定刀具并设置如图 11-32 所示参数。其他选项参数保持默认设置，在【曲面粗加工挖槽】对话框中单击【确定】按钮 ✓ ，创建的曲面粗加工挖槽刀具路径如图 11-33 所示，刀具路径加工模拟效果如图 11-34 所示。

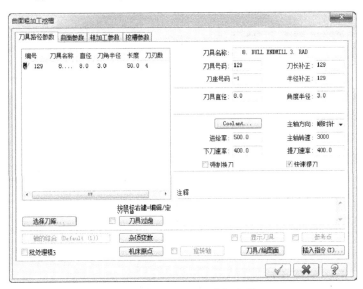

图 11-32 设置刀具路径参数

图 11-33　曲面粗加工挖槽刀具路径　　　　图 11-34　刀具路径加工模拟效果

11.4　曲面精加工

精加工的目的是切除粗加工后剩余的材料，以达到零件的形状和尺寸精度的要求。精加工中，首先要考虑的是保证零件的形状和尺寸精度，精加工中一般采用球铣刀。

在菜单栏中选择【刀具路径】/【曲面精加工】，进入【曲面精加工】菜单，如图 11-35 所示。曲面精加工包括精加工平行铣削、精加工平行陡斜面、精加工放射状、精加工投影加工、精加工流线加工、精加工等高外形、精加工浅平面加工、精加工交线清角、精加工残料加工、精加工环绕等距加工和精加工熔接加工。

其中，精加工平行铣削、精加工放射状、精加工投影加工、精加工流线加工、精加工等高外形等几种精加工方法的参数设置和相应的粗加工方法的参数设置类似，这里不再赘述。下面简单介绍一下其他几种精加工方法的不同参数。

图 11-35　【曲面精加工】菜单

11.4.1　精加工平行陡斜面

陡斜面精加工产生的刀具路径是在被选择曲面的陡峭面上，主要针对较陡斜面上的残料产生精加工刀具路径。其特有的精加工参数设置如图 11-36 所示。

图 11-36　【陡斜面精加工参数】选项卡

陡斜面精加工参数设置和平行精加工参数设置基本相同，其他主要参数如下。

1．切削延伸量

用于延伸切削，以便于刀具能够在加工剩余材料前下刀至一个以前的加工区，切削方向延伸距离增加至刀具路径的两端，并跟随曲面的曲率。

2．陡斜面的范围

（1）【从倾斜角度】：输入计算陡斜面的起始角度，角度越小越能加工曲面的平坦部位。

（2）【到倾斜角度】：输入计算陡斜面的终止角度，角度越大越能加工曲面的陡坡部位。

11.4.2　粗加工浅平面加工

精加工浅平面加工可以对坡度小的曲面产生精加工刀具路径，【浅平面精加工参数】设置如图 11-37 所示。

图 11-37　【浅平面精加工参数】设置

（1）【从倾斜角度】：输入计算浅平面的起始角度，角度越小越能加工曲面的平坦部位。

（2）【到倾斜角度】：输入计算浅平面的终止角度，角度越大越能加工曲面的陡坡部位。一般精加工浅平面加工的最大倾斜角度在 45° 以下。

11.4.3　精加工交线清角

精加工交线清角可以在曲面交角处产生精切削刀具路径，相当于在曲面间增加一个倒圆曲面，【交线清角精加工参数】设置如图 11-38 所示。

（1）【无】：选中该单选按钮，只走一次交线清角刀具路径。

（2）【单侧加工次数】：用户可以输入交线清角刀具路径的平行切削次数，以增加交线清角的切削范围，此时需要在右侧的文本框输入每次的步进量。

（3）【无限制（U）】：对整个曲面模型走交线清角刀具路径，并需要在右侧的文本框输入步进量。

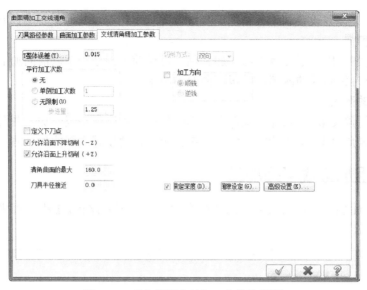

图 11-38 【交线清角精加工参数】设置

11.4.4 精加工残料加工

精加工残料加工可以清除因前面加工刀具直径较大所残留的材料，其专用的精加工参数中【残料清角精加工参数】选项卡的参数设置和精加工浅平面加工参数设置类似，下面主要介绍如图 11-39 所示【残料清角的材料参数】选项卡中的参数。

图 11-39 【残料清角的材料参数】选项卡

（1）【粗铣刀具的刀具直径】：输入粗加工采用的刀具直径，以方便系统计算余留的残料。

（2）【粗铣刀具的刀角半径】：输入粗加工刀具的圆角半径。

（3）【重叠距离】：输入残料精加工的延伸量，以增加残料加工范围。

11.4.5 精加工环绕等距加工

环绕等距精加工是指在加工多个曲面零件时，保持比较固定的残余高度，与曲面流线加工相似，但环绕等距精加工允许沿着一系列不相连的曲面产生刀具路径。环绕等距曲面将使加工产生的刀具路径在平缓曲面及陡峭曲面的刀间距相对较为均匀，适用于曲面的斜度变化较多的两件精加工和半精加工。【环绕等距精加工参数】设置如图11-40所示。

图 11-40 【环绕等距精加工参数】设置选项卡

（1）【最大切削间距（M）】：输入环绕等距的步进值。

（2）【斜线角度】：输入环绕等距的角度。

（3）【定义下刀点】：环绕等距精加工采用选择的切入点。

（4）【由内而外环切】：环绕等距精加工从内圈往外圈加工。

（5）【切削顺序依照最短距离】：优化环绕等距精加工切削路径。

11.4.6 精加工熔接加工

熔接精加工是针对由两条曲线决定的区域进行切削的。【熔接精加工参数】设置如图11-41所示。

图 11-41 【熔接精加工参数】设置

（1）【截断方向】：是一种二维切削方式，刀具路径是直线形式，但不一定与所选的曲线平行，非常适用于腔体的加工。此方式计算速度快，但不适用于陡面的加工。

（2）【引导方向】：可选择【2D】或【3D】加工方式，刀具路径由一条曲线延伸到另一条曲线，适用于流线加工。

11.5 曲面精加工实例

11.5.1 实例 精加工等高外形——可乐瓶底

本例要求使用等高外形精加工方法，继续加工 11.3.2 中的可乐瓶底的外形曲面。

操作步骤

[1] 打开前面粗加工实例的可乐瓶底文件，在菜单栏中选择【刀具路径】/【曲面精加工】/【精加工等高外形】命令，系统提示选择加工曲面，使用鼠标框选所有的曲面，按 Enter 键确认。

[2] 系统弹出【刀具路径的曲面选取】对话框，单击【确定】按钮，系统弹出【曲面精加工等高外形】对话框。在【刀具路径参数】选项卡中单击【选择刀库...】按钮，系统弹出如图 11-42 所示选择刀具对话框。选定刀具并设置如图 11-43 所示参数。

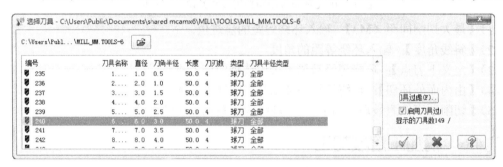

图 11-42 选择刀具对话框

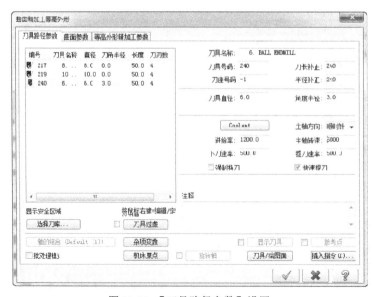

图 11-43 【刀具路径参数】设置

[3] 切换至【等高外形精加工参数】选项卡，设置【Z 轴最大进给量】为 "0.5"，其他参数保持默认设置。在【曲面精加工等高外形】对话框中，单击【确定】按钮 ✓，生成曲面精加工等高外形刀具路径，如图 11-44 所示。

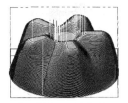

图 11-44　曲面精加工等高外形刀具路径

11.5.2　实例　精加工浅平面——可乐瓶底

本例要求使用浅平面精加工方法，继续加工上例的可乐瓶底的外形曲面。

🐴 操作步骤

[1] 在菜单栏中选择【刀具路径】/【曲面精加工】/【精加工浅平面加工】命令，系统提示选择加工曲面，使用鼠标框选所有的曲面，按 Enter 键确认。

[2] 系统弹出【刀具路径的曲面选取】对话框，单击【确定】按钮 ✓，系统弹出【曲面精加工等高外形】对话框。在【刀具路径参数】选项卡中单击【选择刀库…】按钮，系统弹出选择刀具对话框，选定刀具（本例使用前面选择的球刀）并设置如图 11-45 所示参数。

[3] 切换至【浅平面精加工参数】选项卡，设置【最大切削间距】为 "0.5"，其他参数保持默认设置。在【曲面精加工浅平面】对话框中，单击【确定】按钮 ✓，生成曲面精加工浅平面加工刀具路径，如图 11-46 所示。

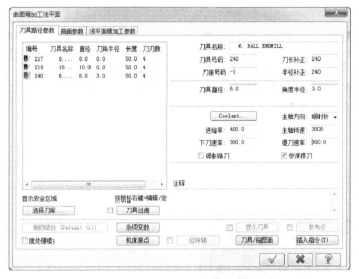

图 11-45　【刀具路径参数】设置

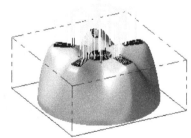

图 11-46　浅精加工刀具路径

11.5.3　精加工平行式陡斜面——可乐瓶底

本例要求使用平行式斜陡面精加工方法，继续加工上例的可乐瓶底的外形曲面。

🐴 操作步骤

[1] 在菜单栏中选择【刀具路径】/【曲面精加工】/【精加工平行式陡斜面】命令，系

统提示选择加工曲面，使用鼠标框选所有的曲面，按 Enter 键确认。

[2] 系统弹出【刀具路径的曲面选取】对话框，单击【确定】按钮，系统弹出【曲面精加工平行式陡斜面】对话框。在【刀具路径参数】选项卡中单击【选择刀库...】按钮，系统弹出选择刀具对话框，选定刀具（本例使用前面选择的球刀）并设置如图 11-47 所示参数。

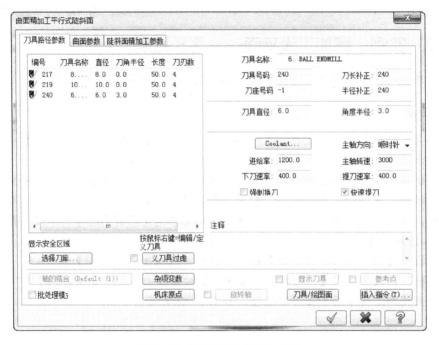

图 11-47 【刀具路径参数】设置

[3] 切换至【陡斜面精加工参数】选项卡，设置【最大切削间距】为"0.5"，其他参数保持默认设置。在【曲面精加工浅平面】对话框中，单击【确定】按钮，生成曲面精加工平行式陡斜面加工刀具路径，如图 11-48 所示。

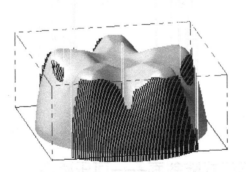

图 11-48 平行式陡斜面精加工刀具路径

11.5.4 实例 精加工残料清角加工——可乐瓶底

本例要求使用残料清角精加工方法，继续加工上例的可乐瓶底的外形曲面。

操作步骤

[1] 在菜单栏中选择【刀具路径】/【曲面精加工】/【精加工残料加工】命令，系统提示选择加工曲面，使用鼠标框选所有的曲面，按 Enter 键确认。

[2] 系统弹出【刀具路径的曲面选取】对话框，单击【确定】按钮 ☑，系统弹出【曲面精加工残料清角】对话框。在【刀具路径参数】选项卡中单击【选择刀库...】按钮，系统弹出如图 11-49 所示选择刀具对话框，选定刀具并设置如图 11-50 所示参数。

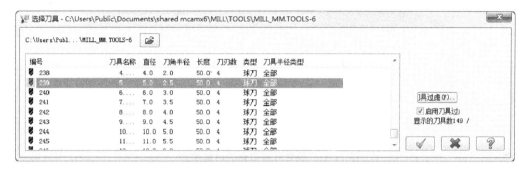

图 11-49　选定刀具

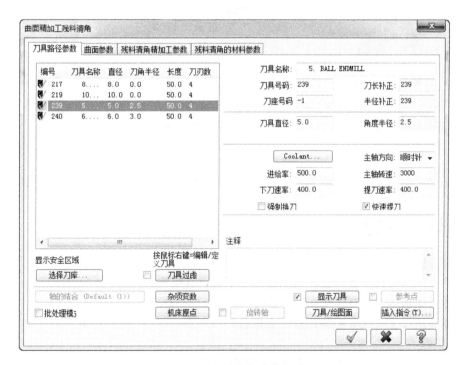

图 11-50　【刀具路径参数】设置

[3] 切换至【残料清角的材料参数】选项卡，按照如图 11-51 所示进行设置，其他参数保持默认设置。在【曲面精加工浅平面】对话框中，单击【确定】按钮 ☑，生成曲面精加工残料清角刀具路径，如图 11-52 所示。

[4] 在【操作管理】/【刀具路径】工具栏中单击【选择所有的操作】按钮 ⌖，如图 11-53 所示。工具栏中单击【验证已选择的操作】按钮 ⬭，弹出【验证】对话框，设置好相关参数后，单击 ▶ 按钮，加工模拟结果如图 11-54 所示。

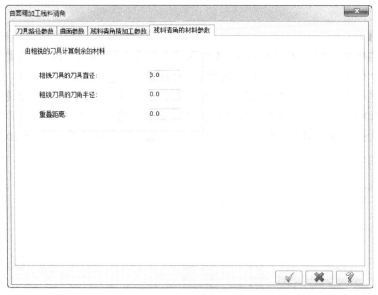

图 11-51　设置残料清角的材料参数

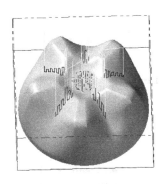

图 11-52　曲面精加工残料清角刀具路径

图 11-53　选中所有操作

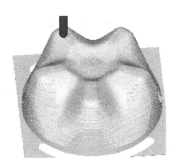

图 11-54　加工模拟效果图

11.6　课后习题

1．思考题

（1）曲面加工的特点是什么？与二维加工不同点有哪些？

（2）曲面粗加工方式有哪些？有什么特点？

（3）曲面精加工方式有哪些？有什么特点？

2．上机题

（1）要求使用曲面加工方式加工图 11-55 所示肥皂盒。

图 11-55　肥皂盒造型

（2）要求使用曲面加工方式图 11-56 所示鼠标和车标。

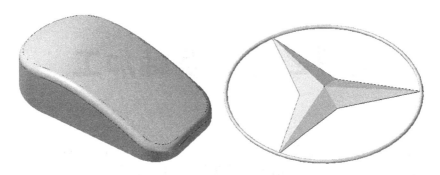

图 11-56　鼠标及车标造型

第12章 多轴加工

所谓多轴加工是指数控机床除了沿 X、Y、Z 三条直线移动外，还包含刀具轴或工件工作台的一个或两个旋转运动。Mastercam X6 提供的多轴加工命令包含了四轴、五轴的铣削加工。在五轴加工中，刀具总是垂直于加工曲面，这样可以提高曲面加工质量和加工精度。利用五轴加工可以加工零件的多个部位，无须多次装夹，这样也可以大大提高零件加工精度，提高生产效率。因此，五轴加工已在各制造业特别是航空航天、汽车、发电设备、高精度模具和轮船制造业等得到了广泛应用。

【学习要点】

- 多轴加工方法。
- 多轴加工流程。

12.1 多轴加工

Mastercam X6 提供的多轴加工方法十分丰富，仅标准多轴加工就提供了 6 种加工方法。选择【刀具路径】/【多轴刀具路径】菜单命令，如图 12-1 所示。可以打开【多轴刀具路径-曲线五轴】对话框，如图 12-2 所示，从中可以选择不同的五轴加工方法。

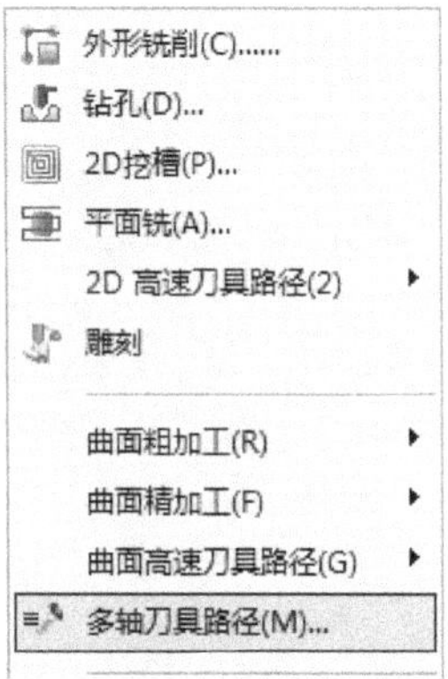

图 12-1　多轴刀具路径菜单

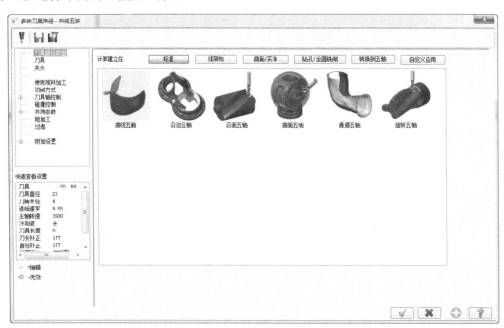

图 12-2　【多轴刀具路径-曲线五轴】对话框

标准方式下的多轴加工的共同参数包括，高度设置、分层铣深、过滤设置等。大部分参数的含义与前面介绍的二维、三维加工中的参数设置基本一致。例如，切换到【曲线五轴】/【共同参数】选项卡，设置如图 12-3 所示的高度相关参数，切换到【曲线五轴】/【粗加工】选项卡，设置如图 12-4 所示分层切削、深度切削参数。

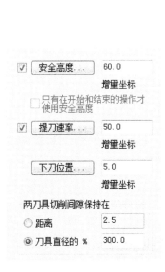

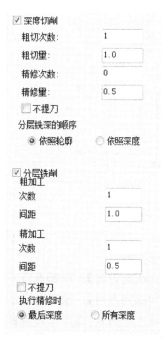

图 12-3　高度参数设置选项组　　　　图 12-4　分层切削、深度切削参数设置选项组

12.1.1　曲线五轴加工

该加工方式常用于加工 3D 曲线或曲面边界。选择【刀具路径】/【多轴刀具路径】命令，弹出【多轴刀具路径-曲线五轴】对话框，选择【曲线五轴】选项，如图 12-2 所示，该对话框用于设置刀具路径类型、刀具选择、切削样板、刀具轴控制方式等参数。

1．切削方式

切换到【多轴刀具路径-曲线五轴】/【切削的样板】选项卡，该选项卡用于设置如图 12-5 所示参数。部分参数与前面介绍二维、三维加工中的参数设置基本一致，下面将不同的参数简单介绍一下。

1）曲线类型

（1）【3D 曲线】：用户可选择存在的 3D 曲线加工作为加工曲线。

（2）【曲面边界】：配合全部及单一选项，用户可以选择曲面的全部或单一边界作为加工曲线。

2）径向补正

当选择左偏移或右偏移时，用户可以在此文本框输入偏移距离。

3）壁边的计算方式

（1）【距离】：刀具的移动量由该项输入的步进量控制。

（2）【切削公差】：刀具的移动量由该项输入的弦高控制。

（3）【最大步进量】：用于输入刀具移动的最大步进量。

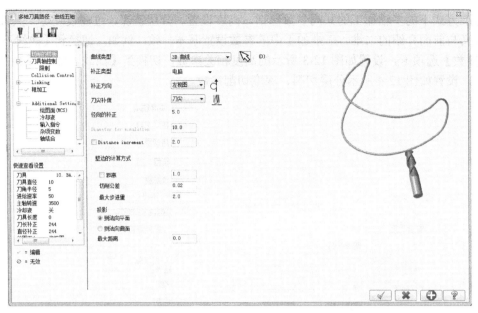

图 12-5 【切削的样板】选项卡

4）投影控制

（1）【到法向方向】：投影垂直于平面。

（2）【到法向方向】：投影垂直于曲面。

（3）【最大距离】：选择投影垂直于曲面时，输入最大投影距离。

2．刀具轴控制

切换到【多轴刀具路径-曲线五轴】/【刀具轴控制】选项卡，该选项卡用于设置如图 12-6 所示参数。

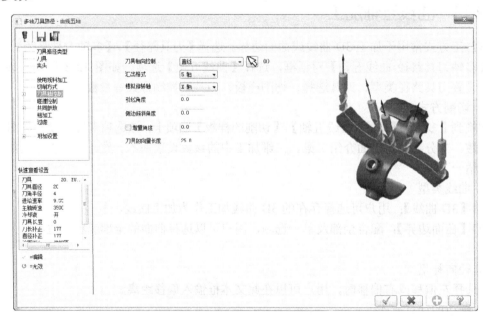

图 12-6 【刀具轴控制】选项卡

1）刀具轴向控制

（1）【直线】：用户可以选择存在的某一线段，使刀具的轴线由此线段的方向来控制。

（2）【曲面】：用户可以选择存在的某一曲面，使刀具的轴线总是垂直于选择的曲面，该项是系统默认方式。

（3）【平面】：用户可以选择存在的平面，使刀具的轴线总是垂直于选择的平面。

（4）【从...点】：用户可以选择存在的点，使刀具的起点均从该点出发。

（5）【到...点】：用户可以选择存在的点，使刀具的起点均从该点结束。

（6）【串连】：用户可选择存在的线段、圆弧、曲线或任何串连几何图形对象来控制刀具的轴线。

2）汇出格式

（1）【3 轴】：将产生 3 轴切削刀具路径（即刀总是垂直于当前刀具面）。

（2）【4 轴】：将产生 4 轴切削刀具路径（即刀总是垂直于所选旋转轴）。

（3）【5 轴】：将产生 5 轴切削刀具路径（即刀总是垂直于指定的曲面）。

3）引线角度

刀具引线的轴向与垂直方向的角度值。

4）侧边倾斜角度

用于输入刀具的侧倾角度，即曲面法线与刀具轴线之间的角度。

5）刀具的向量长度

用于输入刀具路径中刀具轴线的显示长度。

3．碰撞控制

切换到【多轴刀具路径-曲线五轴】/【碰撞控制】选项卡，该选项卡用于设置如图 12-7 所示参数。

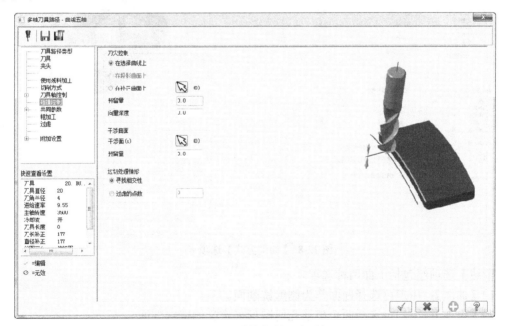

图 12-7　【碰撞控制】选项卡

1）刀尖控制

（1）【在选择曲线】：刀尖沿所选择的曲线移动。

（2）【在投影曲面上】：刀尖沿所选择的投影曲面移动。

（3）【在补正曲面上】：选中该按钮后，系统将返回绘图区，选取一个曲面后，设置刀具顶点在该曲面上的投影进行偏移。

2）向量深度

向量深度用于输入刀具深度方向的偏移距离，输入正数时朝曲线外侧偏移，输入负数时朝曲线内侧偏移。

3）干涉曲面

干涉曲面用户可以选择曲面作为不加工的干涉面。

4）过切处理情形

（1）【寻找相交性】：选中此单选按钮，系统启动寻找相交功能，即在创建切削轨迹前检测几何图形自身是否相交。若发现相交，则在交点以后的几何图形不产生切削轨迹。

（2）【过滤的点数】：用户可以在该处输入检查的刀具移动步数。

12.1.2 沿边五轴加工

沿边五轴加工是指用刀具的侧刃来对零件的侧壁进行加工，生成 4 轴或 5 轴的刀具路径。这种加工方法在航空制造业有很广泛的应用。

1. 切削方式

在【多轴刀具路径】对话框中单击【沿边五轴】选项，切换到【切削方式】选项卡，如图 12-8 所示。

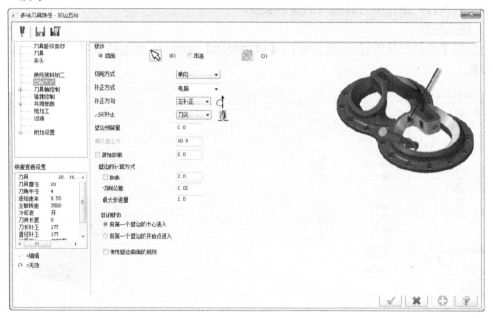

图 12-8 【切削方式】选项卡

【壁边】选项组包括下面两种选项。

（1）【曲面】：用户可选择曲面作为侧壁铣削面。

（2）【串连】：用户可选择两个串连几何图形来定义侧壁铣削面。

2. 刀具轴控制

切换到【多轴刀具路径-沿边五轴】/【刀具轴控制】选项卡，该选项卡用于设置如图 12-9 所示参数。

1）汇出格式

（1）【4 轴】：将产生 4 轴侧壁铣削刀具路径。

（2）【5 轴】：将产生 5 轴侧壁铣削刀具路径。

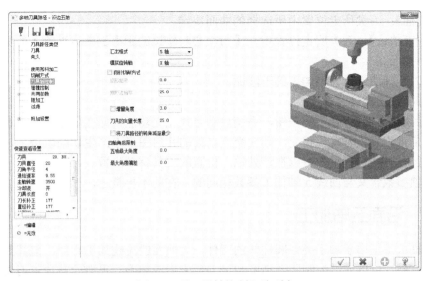

图 12-9 【刀具轴控制】选项卡

2）刀具轴控制

刀具轴向是由所选择的侧壁曲面来控制的，当用户选中【扇形切削方式】复选框时，可以在【扇形距离】输入框中设置刀具路径在转角处的加工侧壁扇形距离，值越大所产生的刀具路径越宽。

3）刀具的向量长度

【刀具的向量长度】用于输入刀具路径中刀具轴线的显示长度。

4）将刀具路径的转角减至最少

【将刀具路径的转角减至最少】用于优化刀具路径。

3．碰撞控制

切换到【多轴刀具路径-沿边五轴】/【碰撞控制】选项卡，该选项卡用于设置如图 12-10 所示参数。

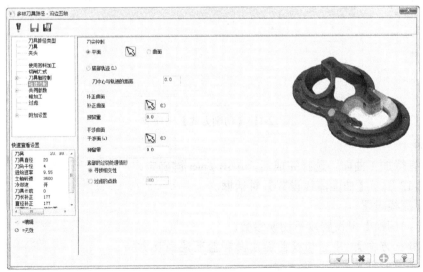

图 12-10 【碰撞控制】选项卡

1）刀尖控制

（1）【平面】：刀尖所走位置由所选择的平面决定。

（2）【曲面】：刀尖所走位置由所选择的曲面决定。

（3）【底部轨迹】：刀尖所走位置由在【刀中心与轨迹的距离】文本框输入的数值决定。

2）干涉曲面

用户可以选择曲面作为不加工的干涉面。

3）底部的过切处理情形

（1）【寻找相交性】：选中此按钮，系统启动寻找相交功能，即在创建切削轨迹前检测几何图形自身是否相交。若发现相交，则在交点以后的几何图形不产生切削轨迹。

（2）【过滤的点数】：用户可以在该处输入检查的刀具移动步数。

其余各项参数含义与曲线 5 轴加工参数相同的，在此不再赘述。

12.1.3 沿面五轴加工

沿面五轴加工适用于加工类似圆柱体的工件，与曲面的流线加工相似，但其刀具的轴为曲面的法线方向。可以通过控制残脊高度和进刀量来生成精确、平滑的精加工刀具路径。

1. 切削方式

在【多轴刀具路径】对话框中单击【沿面五轴】选项，切换到【切削方式】选项卡，如图 12-11 所示。

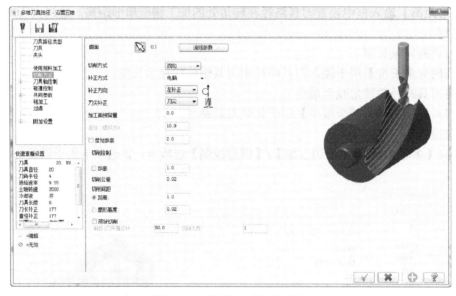

图 12-11 【切削方式】选项卡

1）曲面

选择所有待加工曲面，选择完成后，单击 Enter 键确定，弹出如图 12-12 所示【曲面流线设置】对话框。

2）曲面流线设置

（1）【方向切换】可设置以下切换参数。

- 【补正方向】：用于切换曲面法向和曲面法向反向之间的刀具半径补偿方向。
- 【切削方向】：用于变换纵向和横向刀具路径的方向。
- 【步进方向】：用于切换刀具路径的起始边。
- 【起始点】：用于切换刀具路径的下刀点。

图 12-12 【曲面流线设置】对话框

（2）【边界误差】：用于设置加工边界的最大误差值。

（3）【显示边界】：用于显示所选曲面的边界。

3）切削方式

切削方式用于设置刀具的走刀方式，有 3 种方式可供选择。

（1）【单向】：加工时刀具只沿一个方向进行切削，完成一行切削后抬刀返回到起始边再下刀进行下一行的切削。利用单向方式可保证所有的刀具路径是统一按顺铣或逆铣，同时也容易取得更为理想的加工表面质量。

（2）【双向】：加工刀具在完成一行切削后即转向进行下一行的切削。利用双向方式可节省抬刀时间，所以除非特殊情况，一般采用双向切削。

（3）【螺旋式】：加工刀具按照螺旋方式进行切削。

2．刀具轴控制

切换到【多轴刀具路径-沿面五轴】/【刀具轴控制】选项卡，该选项卡用于设置如图 12-13 所示参数。

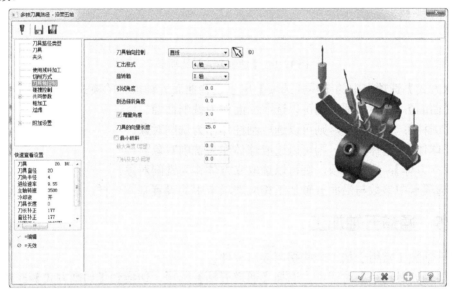

图 12-13 【刀具轴控制】选项卡

1）刀具轴向控制

【刀具轴向控制】用于控制刀具轴线的方式，前面已有详细讲解，不再重复。

2）汇出格式

（1）【4 轴】：将产生 4 轴切削刀具路径，即在 3 轴基础上增加一个旋转轴。

（1）【5 轴】：将产生 5 轴切削刀具路径，刀具的轴线可以在任何方向。

3）侧边倾斜角度

【侧边倾斜角度】用于设置刀具在移动方向倾斜一个角度，即曲面法线与刀具轴线之间的角度。

4）刀具的向量长度

【刀具的向量长度】用于输入刀具路径中刀具轴线的显示长度。

12.1.4 曲面五轴加工

曲面五轴加工常用于对多曲面或实体进行加工，生成 4 轴或 5 轴的刀具路径，加工时系统以相对于曲面法线方向来设定刀具。

　　在【多轴刀具路径】对话框，选择【曲面五轴】选项，切换到【切削方式】选项卡，该选项卡用于设置如图 12-14 所示参数。

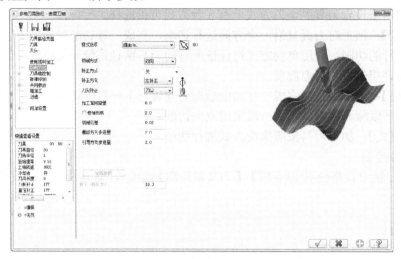

图 12-14 【切削方式】选项卡

【切削方式】选项卡中的【模式选项】用于设置曲面五轴加工的模式，包括以下选项。

（1）【曲面】：选择该项，则可以选取曲面作为铣削曲面。

（2）【圆柱】：选择该项，则可以选取圆柱体作为铣削对象。

（3）【球体】：选择该项，则可以选取球体作为铣削对象。

（4）【立方体】：选择该项，则可以选取立方体作为铣削对象。

其他选项卡中参数与沿面五轴加工相应选项卡中的设置基本一样，这里不再赘述。

12.1.5 通道五轴加工

通道五轴加工常用于加工一些拐弯接口零件。

　　在【多轴刀具路径】对话框，选择【通道五轴】选项，切换到【切削方式】选项卡，如图 12-15 所示。

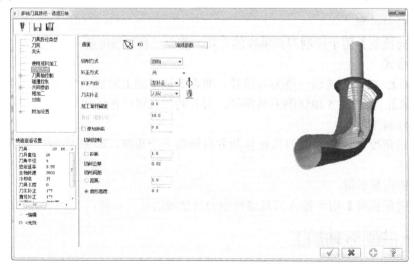

图 12-15 【切削方式】选项卡

通道五轴加工参数设置与沿面五轴加工基本相同，参数设置可参照前面几种加工方式。

12.1.6 旋转五轴加工

在【多轴刀具路径】对话框选择【旋转五轴】选项，切换到【切削方式】选项卡，如图 12-16 所示，这里只介绍前面没有涉及的参数。

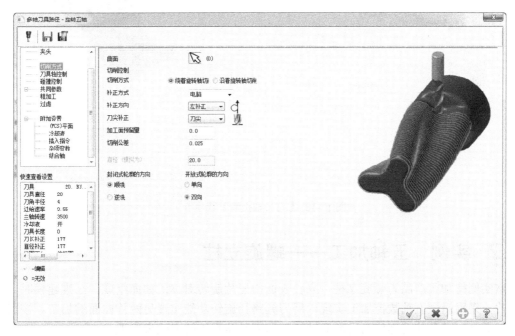

图 12-16 【切削方式】选项卡

【切削方式】有【绕着旋转轴切削】和【沿着旋转轴切削】两种方式，如图 12-17 所示。

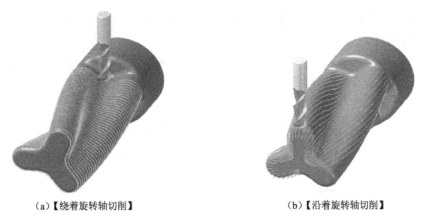

（a）【绕着旋转轴切削】 （b）【沿着旋转轴切削】

图 12-17 【切削方式】

切换到【多轴刀具路径-旋转五轴】/【刀具轴控制】选项卡，弹出如图 12-18 所示对话框。

【汇出格式】只有【4 轴】输出方式，将产生 4 轴切削刀具路径（即刀总是垂直于所选旋转轴）。

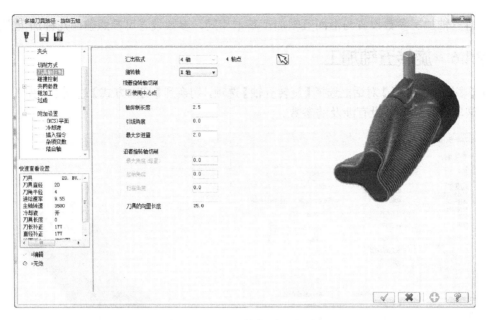

图 12-18 【刀具轴控制】选项卡

12.2 实例 五轴加工——螺旋立柱

本实例待加工产品为螺旋立柱，立柱表面由三片旋转对称的曲面组成。三维建模时，只建一片，采用沿面五轴数控加工实现，用刀具路径旋转功能实现另两片曲面的加工。按照机械加工顺序，准备使用螺旋面沿面五轴加工和刀具路径旋转方法来实现。

操作步骤

1. 选择机床

[1] 启动 Mastercam X6，打开待加工工件图，如图 12-19 所示。

[2] 选择下拉菜单【机床类型】/【铣床】/【默认】命令，进入铣削加工模块。

2. 设置后处理

[1] 设置五轴加工后处理，在如图 12-20 所示【操作管理】对话框中，单击【刀具路径】/【属性】/【文件】选项，系统弹出如图 12-21 所示【机器群组属性】对话框中的【文件】选项卡。

图 12-19 待加工工件图

图 12-20 【操作管理器】对话框

[2] 单击【机床-刀具路径复制】选项下的【替换】按钮，在打开的对话框中选择"MILL 5 - AXIS TABLE - HEAD VERTICAL MM.MMD-6"后处理器类型，如图 12-22 所示。

图 12-21 【文件】对话框

图 12-22 选择后处理器类型

3. 设置加工工件

[1] 单击【刀具路径】/【属性】/【素材设置】选项，系统弹出如图 12-23 所示【机器群组属性】对话框中的【素材设置】选项卡，设置工件尺寸。

[2] 单击【机器群组属性】对话框中的【确定】按钮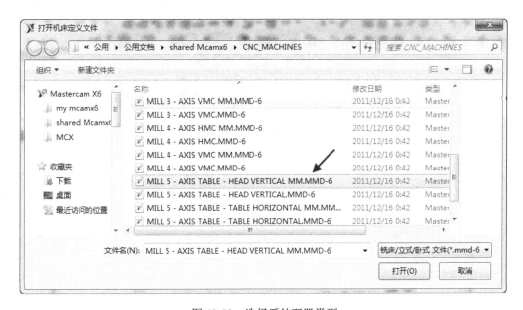，完成如图 12-24 所示加工工件设置。

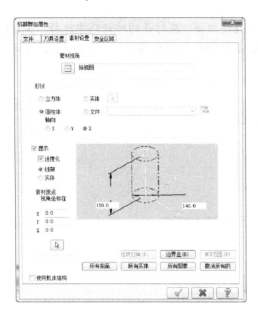

图 12-23 【素材设置】对话框

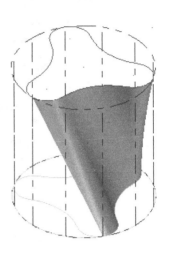

图 12-24 加工工件设置

4. 螺旋面沿面五轴加工

[1] 选择下拉菜单【刀具路径】/【多轴刀具路径】，弹出【输入新的 NC 名称】对话框如图 12-25 所示。单击【确定】按钮 ✓，弹出【多轴刀具路径】对话框，选中【沿面五轴】加工方式，如图 12-24 所示。

图 12-25 【输入新 NC 名称】对话框

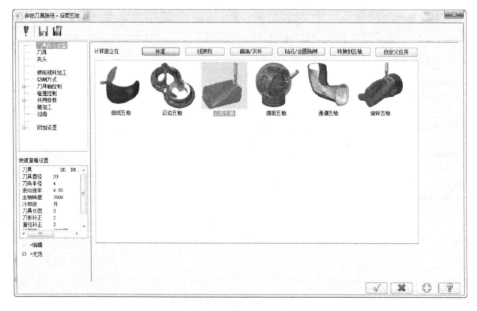

图 12-26 【多轴刀具路径-沿面五轴】对话框

[2] 切换到【刀具】选项卡，选定如图 12-27 所示刀具，并设置相关参数。切换到【切削方式】选项卡，如图 12-28 所示。单击【曲面】按钮，选择所有曲面为加工面。单击【结束选择】按钮 🔘，弹出【曲面流线设置】对话框，如图 12-29 所示，设置

【方向切换】各项参数，单击【确定】按钮 ，返回【切削方式】选项卡。曲面流线设置效果如图 12-30 所示。

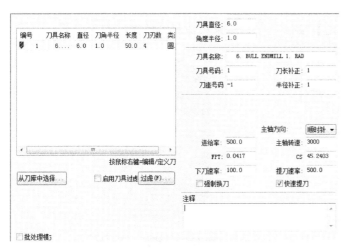

图 12-27 【刀具】选项卡参数　　　　　　　图 12-28 【切削方式】选项卡参数

图 2-29 【曲面流线设置】对话框　　　　　　图 12-30　曲面流线设置效果

[3]　切换到【刀具轴控制】对话框，设定如图 12-31 所示参数。切换到【共同参数】选项卡，设定如图 12-32 所示参数。

图 12-31 【刀具轴控制】选项卡设置　　　　　图 12-32 【共同参数】选项卡设置

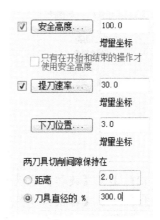

5. 生成刀具路径并验证

[1] 完成刀具参数设置后，产生加工刀具路径，如图 12-33 所示。单击【验证已选择的操作】按钮🐾，系统弹出【验证】对话框。

[2] 单击 ▶ 按钮，模拟加工结果如图 12-34 所示。

[3] 单击【验证】对话框的【确定】按钮 ✓ ，结束模拟加工操作。

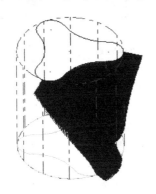

图 12-33　加工刀具路径　　　　　　　　　图 12-34　模拟加工结果

6. 刀具路径转换

[1] 选择下拉菜单【刀具路径】/【路径转换】命令，弹出【转换操作参数设置】对话框，选中【形式】/【旋转】按钮，在【原始操作】中选定"沿面五轴"加工，如图 12-35 所示。

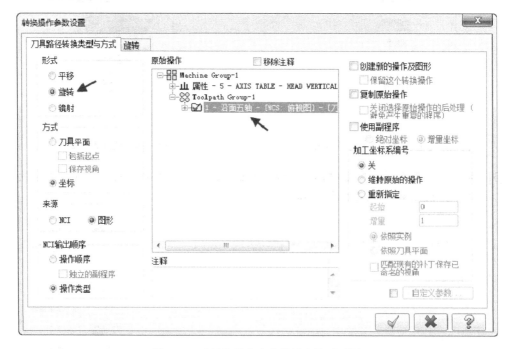

图 12-35　【转换操作之参数设定】对话框

[2] 打开【旋转】选项卡，设置相关参数，如图 12-36 所示。

[3] 单击【转换操作参数设置】对话框中的【确定】按钮 ✓ ，完成旋转设定，生成刀具路径，如图 12-37 所示。

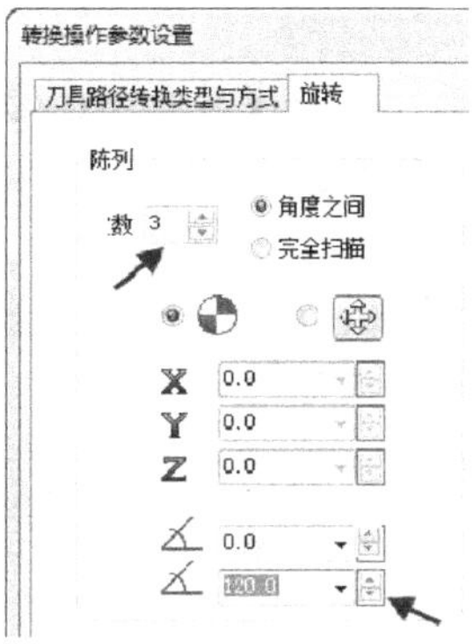

图 12-36 【旋转】对话框

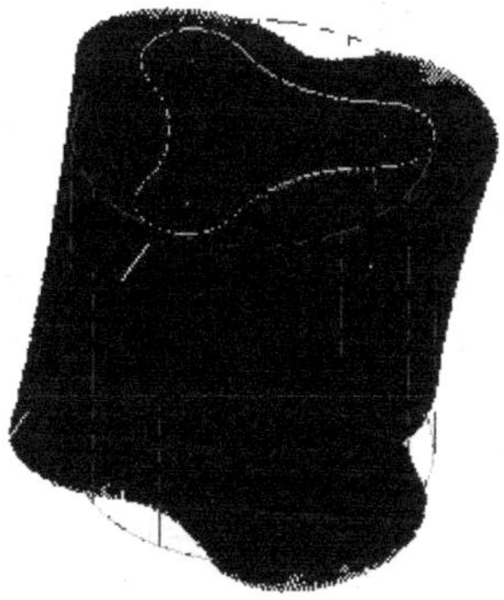

图 12-37 旋转后刀具路径

[4] 单击【操作管理】中的【验证已选择的操作】按钮，系统弹出【验证】对话框，单击按钮，设置如图 12-38 所示参数，单击【确定】按钮。返回到【验证】对话框，单击按钮，模拟加工结果如图 12-39 所示。

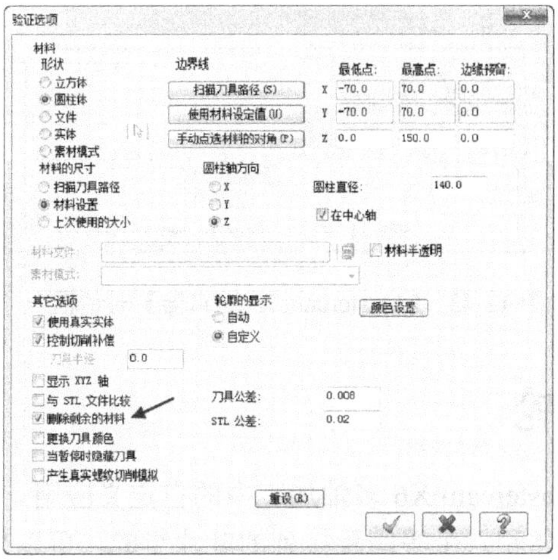

图 12-38 设置【验证选项】参数

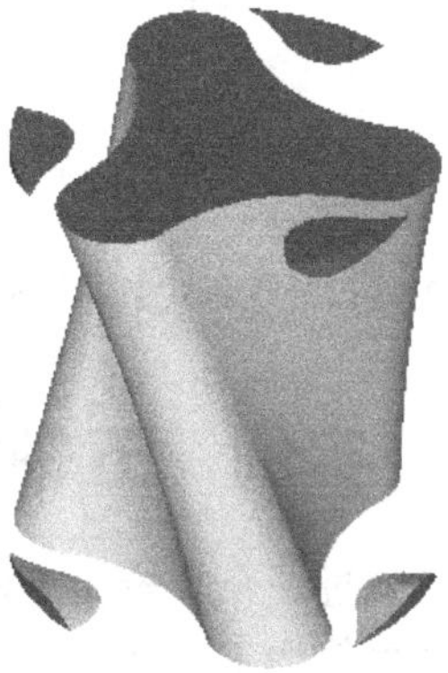

图 12-39 实体验证效果

[5] 系统弹出如图 12-40 所示【拾取碎片】对话框，选中【保留（仅一个）】单选按钮，单击【拾取（P）】按钮，选取要保留的部分，然后在【拾取碎片】对话框中单击【确定】按钮，加工模拟结果如图 12-41 所示。单击【验证】对话框的【确定】按钮，结束模拟加工操作。

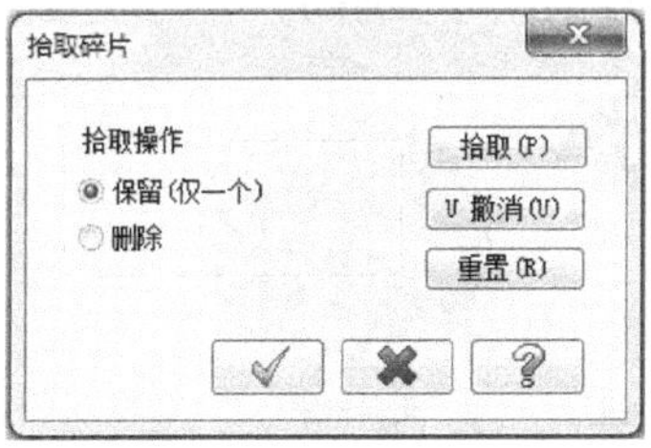

图 12-40 【拾取碎片】对话框

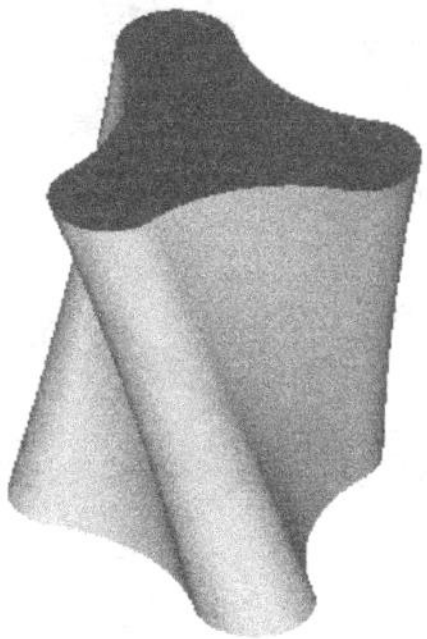

图 12-41 加工模拟结果

7. 执行后处理

[1] 在【操作管理】中单击【选择所有操作】 按钮后，单击【后处理已选择的操作】按钮 **G1**，弹出【后处理程序】对话框，如图 12-42 所示。

[2] 勾选【NC 文件】选项组下的【编辑】选项，单击【确定】按钮 ，弹出【另存为】对话框，选择目录，单击【确定】按钮，打开【Mastercam X 编辑器】对话框，如图 12-43 所示。选择【文件】/【保存】命令，保存创建的零件文件。

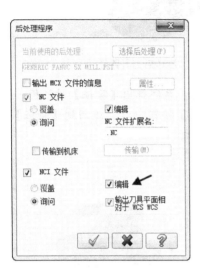

图 12-42 【后处理程式】对话框

图 12-43 【Mastercam X 编辑器】对话框

12.3 实例 五轴加工——叶轮

本例通过一个叶轮加工来简单介绍一下 Mastercam X6 多轴加工中的自定义应用。

本实例待加工产品为叶轮。叶轮由圆柱主体和八个等间距排列的叶片组成。可以采用多轴加工【标准】模式下的沿面五轴加工或者旋转五轴加工方式来加工，但是参数设置比较复杂。Mastercam X6 的多轴加工方式中除了【标准】加工模式外，还有多种其他多轴加工方法，比如【自定义应用】模式就提供了 11 种加工方法，如图 12-44 所示。本例我们采用其中的【叶片专家】方式来进行加工。

薄片铣削　　叶轮叶片精加工　　叶轮底部曲面　　叶轮底部曲面外面倾斜　　通道专家　　投影
　　　　　　　　　　　　　　　　　　　　　　　　曲线

型腔倾斜曲线　　曲线控制型腔碰撞　　4+1轴电极加工　　叶轮根部加工　　叶片专家

图 12-44 【自定义应用】模式

 **操作步骤**

1. 选择机床及设置后处理

启动 Mastercam X6，打开待加工工件图，如图 12-45 所示。

选择下拉菜单【机床类型】/【铣床】/【默认】命令，进入铣削加工模块。用和上例相同的方法设置五轴加工后处理。

2. 设置加工工件

单击【刀具路径】/【属性】/【素材设置】选项，系统弹出【机器群组属性】对话框中的【素材设置】选项卡。设置工件尺寸。单击【机器群组属性】对话框中的 ☑ 按钮，完成如图 12-46 所示加工工件设置。

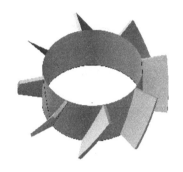 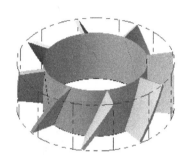

图 12-45 待加工工件图   图 12-46 加工工件设置

3. 叶片专家加工

[1] 选择下拉菜单【刀具路径】/【多轴刀具路径】，弹出【输入新 NC 名称】对话框，单击【确定】按钮 ☑，弹出【多轴刀具路径】对话框，选中【自定义应用】模式下的【叶片专家】加工方式，如图 12-47 所示。

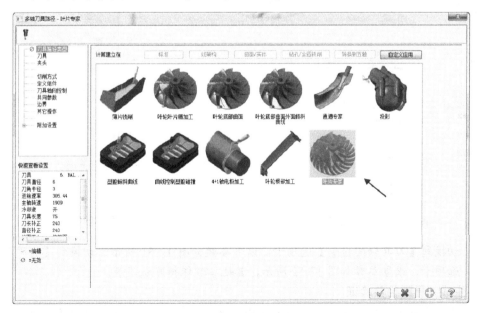

图 12-47 【多轴刀具路径】对话框

[2] 切换到【刀具】选项卡，选定如图 12-48 所示刀具，并设置相关参数。切换到【定

义组件】选项卡，如图 12-49 所示。单击【叶轮叶片圆角】按钮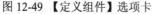，弹出【叶轮叶片表面设置】对话框，如图 12-50 所示。单击【增加】按钮，选择所有叶片的侧面为加工面，单击【结束选择】按钮●。单击【Hub】的按钮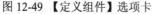，用类似的方式选择圆柱面作为轮毂。

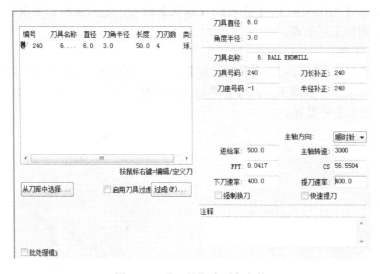

图 12-48 【刀具】选项卡参数

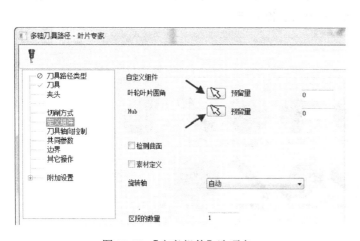

图 12-49 【定义组件】选项卡

图 12-50 【叶轮叶片表面设置】对话框

[3] 切换到【刀具轴向控制】选项卡，设置参数如图 12-51 所示。切换到【共同参数】选项卡，设置参数如图 12-52 所示，其他参数保持默认设置。

4．生成刀具路径并验证

[1] 完成刀具参数设置后，产生加工刀具路径，如图 12-53 所示，单击【验证已选择的操作】按钮●，系统弹出【验证】对话框。单击▶按钮，模拟加工结果如图 12-54 所示。单击【验证】对话框的【确定】按钮 ✓，结束模拟加工操作。

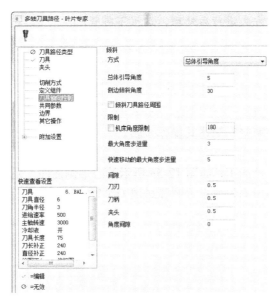

图 12-51 【刀具轴向控制】选项卡参数

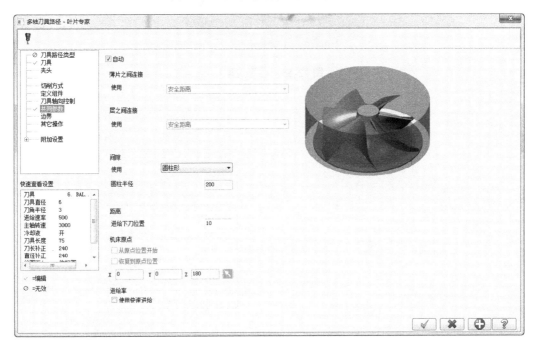

图 12-52 【共同参数】选项卡

图 12-53 加工刀具路径

图 12-54 模拟加工结果

[2] 用和上例类似的方式进行后处理，这里不再赘述。

12.4 课后练习

1. 思考题

（1）简述多轴加工特点。

（2）多轴加工方式有哪些？简述其操作步骤。

2. 上机题

要求使用沿边五轴数控加工，如图 12-55 所示的心形侧曲面。采用直径为 8r1 的圆鼻刀。为减少切入和切出时曲面加工刀痕设置圆弧进退刀半径。

图 12-55　心形造型